環境新聞ブックレット

シリーズ 13 Series 13

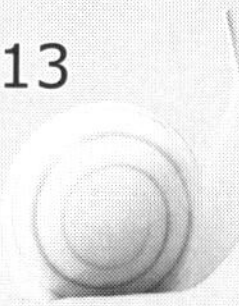

シャオリュウの中国環境ウオッチ

公益財団法人 地球環境戦略研究機関
北京事務所長
小柳 秀明◎著

まえがき

「シャオリュウの中国環境ウオッチ」出版に当たって

平成25年（２０１３年）10月から、環境新聞の第1面で「シャオリュウの中国環境ウオッチ」の連載を開始して約4年の歳月が過ぎた。この連載では刻々と変化する中国の環境の現状と、猛烈なスピードで進展する中国の環境規制や対策に注目して、毎月現場から報告してきた。

環境の抜本的な改善にはまだ「目標は高く、道は遠い」中国だが、環境対策の進展に関しては、「先に汚染、後から対策」と言われた１９９０年代の中国とはまるで別の国家のような様相を呈している。一部の法制度や対策では既に日本を超えている。

しかし、私たち日本人の頭の中では、まだそのような中国の急速な変化にキャッチアップできず、いまだに汚染垂れ流しの国、環境規制はあるが守られていない国のイメージが強い。日本における報道面でも環境汚染のひどさのみを強調する報道、環境対策の遅れを糾弾する報道が目立ち、苦労しながら現場で一生懸命取り組んでいる姿が見えてこない。結果はまだ出ていないが、いろいろな面で日本に追いつき、追い抜こうとしており、近いうちに日中の立ち位置が変わるのではないかと心配している。

環境新聞での連載はこれからも続けさせていただく予定であるが、これまでに書いた内容が新鮮味を失う前に一度まとめておこうと思い立ち、環境新聞社にお願いして本書を出版していただいた。本書を最後までお読みいただければわかるが、「このままでいいのか、ニッポン」というのが、一貫して流れている私のメッセージである。この得体の知れぬ危機感に少しでも共感を持っていただければ幸甚である。

最後までお読みいただけることを切に願うとともに、環境新聞の連載も引き続きご愛読願う次第である。

平成29年9月
日中環境協力に従事して20年の節目を記念して

小柳　秀明

目次

シャオリュウ
中国環境ウオッチ ①

「先に汚染、後から対策」のツケ

〈環境新聞２０１３年10月30日付掲載〉

目覚ましい経済発展と裏腹に劣悪な環境に置かれたままの中国。「先に汚染、後から対策（先汚染後治理）」と揶揄され、１９７８年の改革開放以降経済発展第一で邁進してきたが、環境汚染が深く進行して、21世紀に入り懸命に「後から対策」を実施しても追いつかない中国。この連載では、そんな中国の環境の現状と対策を毎月現場から報告する。第1回は今年話題の微小粒子状物質（ＰＭ２・５）による大気汚染について取り上げたい。なお、連載タイトルの「シャオリュウ」は、筆者の名前「小柳」の中国語読みである。

13年は、大気汚染で始まり大気汚染で終わりそうな様相を呈している。今年1月に中国の広い範囲にわたり、ＰＭ２・５を主要な原因物質とする深刻な大気汚染が発生したことは皆承知の通りだ。この大気汚染は春から夏にかけて幾分緩和したが、9月下旬ごろから再び深刻な汚染状況になってきた。

9月28日、北京市などではＰＭ２・５濃度の１日平均値が１立方メートル当たり２５０マイクログラムを超える「厳重汚染」の測定局が何カ所もみられた。中国では汚染の程度を6段階に分類して発表しているが、厳重汚染は最も汚染がひどいレベルだ。中国のＰＭ２・５の日平均環境基準値は同75マイクログラム、日本のそれは同35マイクログラム、また今年2月末に環境省が策定した外出の注意喚起の暫定指針値は同７０マイクログラムだから、厳重汚染のひどさが分かるだろう。

この汚染は大雨などによりいったんは下がったが、10月初旬、国慶節（中国の建国記念日、７連休）の大型連休中にもかかわらず再び粒子状物質（ＰＭ10）とＰＭ２・５の濃度が上昇した。北京市ではこの時期、自動車排ガスや工場などでの石炭燃焼が主な発生源だが、連休中で市内の自動車走行量も少なく、休止している工場も多いにもかかわらず汚染濃度が高くなった。北京市の西南方向にある河北省石家庄市ではさらにひどい汚染状況だ。

今年1月、大気汚染がひどくなり始めた時、北京市や中国環境保護部などの政府当局は主に気象的な要因であることを強調していたが、汚染が一向に改善されず継続すると、根本に構造的な要因があることを認めた。すなわち経済発展優先で環境対策が追いついてこなかったことを認めたものだ。

ここまで汚染がひどくなると生死にかかわる問題になってくる。事態を重視した中央政府は6月、「大気汚染防止対策10の措置」を決定し、9月にはこの措置をさらに詳しくした「大気

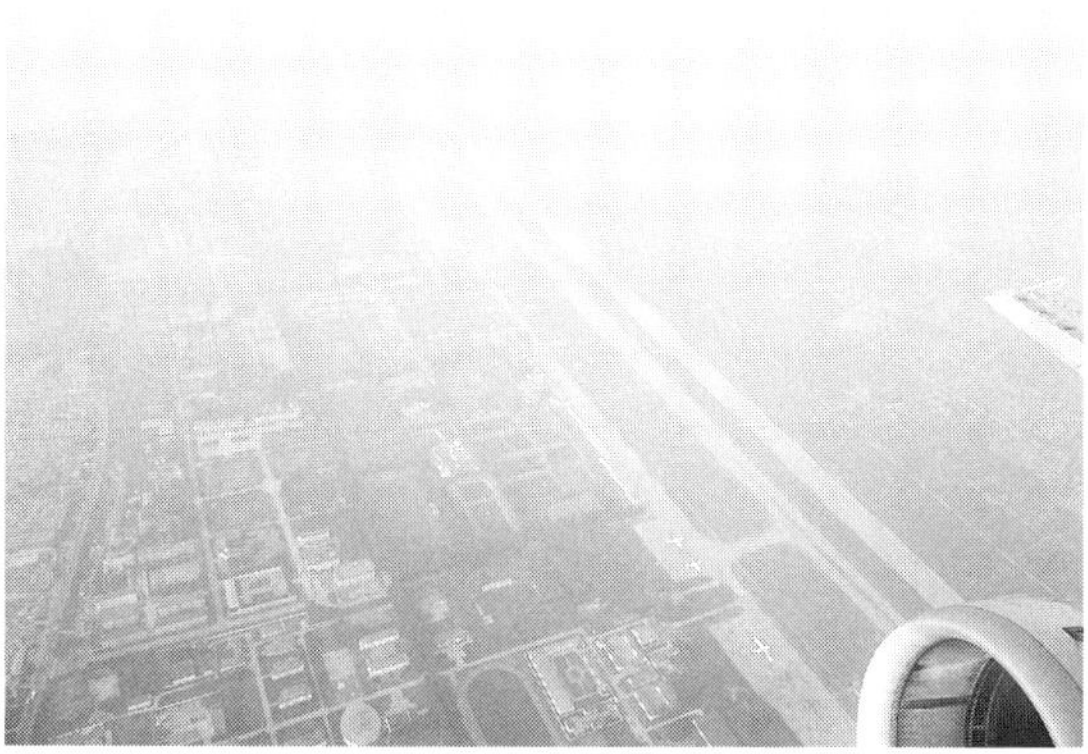

大気汚染で霞む北京上空（10月、筆者撮影）

汚染防止行動計画」を決定した。北京市、河北省、石家庄市なども相次いでそれぞれの地域の行動計画を策定し発表した。北京市では大幅な石炭燃焼総量の削減、老朽自動車１００万台の廃棄、立ち遅れた汚染企業１２００社の閉鎖など、徹底的な「後から対策」を講じることにより、17年までの5年間でＰＭ２・５濃度を25％以上低下させるという目標を掲げた。

しかし、その目標を達成したとしても市内の年平均濃度は１立方メートル当たり60マイクログラム程度であり、年平均の環境基準値同35マイクログラム達成にはほど遠い。基準達成にはさらに10年、20年以上かかるだろう。正直なところ予測するのは不可能だ。それまでの間、北京市民は劣悪な大気環境の下で暮らすことを余儀なくされる。周辺も同程度以上に汚染されているから逃げても無駄だ。

筆者は１９９７年から通算で14年近く北京に滞在している。90年代後半の大気汚染もひどかったと記憶しているが、当時は大気の自動測定器も設置されていなかったので定量的な比較ができないのが残念だ。98年の秋も深まったころ、視程が数十メートルしかなく深呼吸すると空気が酸っぱく感じた汚染の記憶は今でも忘れない。

今ではこのように感じることはないので、当時とは汚染の質が違ってきていることは確かだ。硫黄酸化物による汚染は徐々に改善される一方で、自動車排ガスなどに起因するＰＭ２・５による汚染が台頭してきている。「先に汚染」したツケは今、中国に重くのしかかっている。

シャオリュウ

中国環境ウオッチ ②

"亀"に追い抜かれる日

（環境新聞２０１３年11月27日掲載）

中国環境保護部の招待で安徽省銅陵市にある銅の精錬工場と銅鉱山を見学する機会を得た。銅陵市はその名前から分かるように、３５００年以上前から銅鉱石を掘っていたという歴史ある土地だ。

私たちが訪問した冬瓜山銅鉱山は、地下掘りでは中国一の採掘量を誇り、世界でも第3位の規模だという。かつては古い銅鉱床6カ所で掘削していたが、21世紀になって地下1千㍍にも及ぶ新しい銅鉱床を開発し、飛躍的に採掘量が増大した。この冬瓜山銅鉱山を所有する銅陵非鉄金属公司は銅陵市内に3つの精錬工場（子会社）を持ち、年間約１２０万㌧の銅を生産する。この会社だけで日本全国の生産量を超える規模だ。

中国では２００６年から本格的な汚染物質排出総量削減（総量規制）が始まった。06年から10年までの5年間で二酸化硫黄および化学的酸素要求量（ＣＯＤ）の全国排出総量を10％削減する強制目標を立てた。10％削減と聞くとたった1割かと思うが、毎年10％程度の経済成長を続ける中での全体総量削減だから、既設工場に対する圧力の実感としては50％削減を迫られるに近い。従って、立ち遅れた古い設備の工場は淘汰、すなわち閉鎖される。

このように既存の効率の悪い高汚染、高エネルギー消費（「両高」という）の工場を次々と閉鎖し、そこで得られた排出量減少分を新たに建設する工場に割り当てていくわけだ。閉鎖させられる工場は一般的には補償がないと言われている。また、これまでの排出量の枠を売ることができるわけでもない。不合理な矛盾が存在する。

この件に関連して別の機会に北京市の環境保護局副局長に質したら、「日本の経験を勉強したい」とうまくかわされた。北京市では大気汚染対策のため、今後5年間に市内の１２００社の工場を閉鎖する計画を立てていたからだ。

中国国内では二酸化硫黄やＣＯＤの排出権取引の研究も進ん

でいるが、具体化するには時間がかかろう。大気汚染や水質汚濁は地域の問題で、地球規模で有効な二酸化炭素の排出権取引と違って、限られた地域の中でしか取引できないという難しさがある。

冬瓜山銅鉱山。この地下１千メートルに、巨大な銅鉱床がある

話を戻すが、見学した銅の精錬工場の一つは今年から操業を始めたばかりの新しい工場であったが、その排出枠は既存の小規模の化学工場10社を閉鎖して得られた排出枠の一部をもらった。中国では「地域認可制限」という措置がある。汚染物質の排出削減がうまく進んでいない地域では、工場の新設や増設を認めないという強行措置だ。化学工場の閉鎖がなければ、最新規制に対応した工場も建設できなかったかもしれない。

中国は環境法規制が甘いから環境悪化に歯止めがかからないと思っている日本人も多いが、それは大きな誤解だ。排ガスや排水の規制では日本を凌ぐ項目もある。たとえば日本では排ガス中の鉛化合物の排出基準は1ノルマル立方メートル当たり10～30ミリグラム（施設により異なる）となっているが、中国では当初の30ミリグラムから10ミリグラムに強化され、12年からは0・7ミリグラムにまで強化された。同じく排水中の銅含有量の許容限度（排水基準）は、日本が1リットル当たり3ミリグラムであるのに対して、中国では0・5ミリグラムとはるかに厳しくなっている。

このような厳しい基準は新設の施設だけでなく既存の施設にも段階的に適用される。対応できない工場は閉鎖するしかないのだ。罰金を払えば汚染物質を垂れ流して操業を続けていいという時代は、はるか遠い昔に過ぎ去った。

日本の環境技術は日本の基準に合うように発展してきたところがあるから、うかうかするとこのような中国の厳しい規制基準に対応できなくなってくる恐れがある。ウサギと亀の競争ではないが、日本で新たな規制強化がないからといって休んでいては、いつか中国の技術開発に追い抜かれる日が来るから要注意だ。

シャオリュウ

中国環境ウオッチ ③

行き過ぎた成長、構造調整に課題

（環境新聞２０１３年12月18日掲載）

30年以上にわたり平均で10％前後の高度経済成長を続けてきた中国。その反動で各産業分野の生産能力過剰という現象を引き起こしている。止まることのない右肩上がりの成長がいつの間にか経済の実態を追い抜いていたのだ。その結果、生産能力の現代化と規模の適正化が現在大きな課題になっている。生産能力は、生産設備と言い換えることもできる。成長の原動力になった鉄鋼、セメントなどの基幹産業で特に大きな問題だ。

このため、第11次５カ年計画を定めた２００６年以降、５カ年計画で要求している省エネ・排出削減目標の達成と立ち遅れた生産能力の淘汰を結び付けて、精力的に産業構造の調整を進めている。たとえば06年から10年までの５カ年間で、製鋼７２００万㌧、製鉄１億２千万㌧、セメント３億７千万㌧、コークス１億７００万㌧、製紙１１３０万㌧、ガラス４５００万ケースなどの立ち遅れた生産能力を淘汰した。

産業構造調整を所管する国家発展改革委員会は、05年末に初めて産業構造調整指導目録を発布し、その中で淘汰すべき立ち遅れた生産技術設備や製品のリストを公開し、期限を定めて淘汰すべきことを命じた。その後11年に全面改定、13年に一部修正し、淘汰対象を追加している。

この構造調整による日本への影響も少なからずある。少し前のことだが、日本の電子回路工業会を慌てさせる出来事があった。13年２月の指導目録の修正により、シアンを用いた金メッキ作業を禁止する規定が追加され、14年末以降、中国内でシアンを使用する金メッキ作業が禁止されることになった。禁止規定は代替技術があることが前提だが、日本には適切な代替技術がなかったので慌てたのだ。

その後のてん末だが、中国国内の関連業界も騒ぎ出し、国家発展改革委員会が再度調査した結果、あるとされていた代替技術も怪しく前提条件に重大な変化が生じたとして、９月になって規定執行をしばらく見合わせることを発表した。日本企業としては一安心だが、このエピソードは今の中国では絶え間ないグレードアップを怠れば、いつ淘汰されるか分からない状況にあることを象徴する出来事であった。

　これを裏返してみれば、革新的な技術を開発した企業が市場を独占することも可能ということだ。日本で新たな規制強化がなくても中国の技術開発に追い抜かれることがないよう技術を磨き続けることが大切だ。

立ち遅れた生産能力のため閉鎖された工場（2011 年筆者撮影）

　大気汚染の悪化を受けてエネルギー構造の調整も加速している。特に大都市部では石炭を天然ガスに換える動きが加速している。北京市では9月に発表したクリーン大気行動計画で、現在年間2300万トン使用している石炭を17年までに1千万トン以内に抑えるとした。石炭燃焼ボイラーは天然ガス燃焼に換えていく。周辺の天津市、河北省、山東省でも同じような石炭消費総量抑制の動きがある。

　各地で天然ガスへの転換が進みガス配管網も整備されつつあるが、企業にとって課題も多い。燃料転換を指示された地域の石炭燃焼ボイラーの改造には地方政府から補助金が出るものの、改造費用がかかること、天然ガス配管網への接続費用は自分で負担しなければならないことなどだ。ある日本のボイラーメーカーは、天然ガスの本管からたった十数メートルの枝管を引くのに数千万円もの費用を請求されるので躊躇する企業も多いと指摘する。これでは大気汚染の改善は進まないことになる。

　これまで中国経済の成長を牽引してきたのは第2次産業であるが、経済構造の面でも構造調整を急いでいる。11年からの第12次5カ年計画では、サービス業がGDPの増加に占める割合を4％高めて47％にする目標を出している。これによってGDPの質が低環境汚染型、低エネルギー消費型へと変化することを期待している。

　今中国では行き過ぎた経済成長の弊害を除くため、このような経済、産業、エネルギーなどの分野での構造調整が喫緊の課題となっている。

シャオリュウ 中国環境ウオッチ ④

中国の観測データは信頼できるか？

（環境新聞2014年1月29日掲載）

昨年は異常気象で、今年は大気汚染が改善すると願っていた中国関係者も多いのではないかと思うが、かすかな期待も裏切って正月早々から全国各地で深刻な汚染が続いている。

1月中旬、久しぶりに四川省の成都市を訪れる機会があった。成都は三国志の時代、蜀の国の都があったところで昔から霧が多く発生し、「蜀犬吠日」（蜀の犬は太陽が出ると驚いて吠える）ということわざがあるほど、曇り空の日が多い土地である。私も1990年代から何回も訪問してきたが、いつも曇って視界が悪く、霧も発生して飛行機が遅れることたびたびであった。

今回も曇天の霧がかった中を着陸し、相変わらずの気候だなあと思いつつ、ふと使い慣れた携帯アプリで成都の大気汚染状態を調べてみた。すると何と6段階で上から2番目にひどい重度汚染ではないか。主要原因物質はPM2・5であった。昨年1月から開始した成都市を含む全国74都市496地点での大気汚染連続モニタリングおよびPM2・5など観測データ6項目の即時公開は、このように今までは単なる霧だと済まされていた気象現象が、実は大気汚染であることを明らかにした点で画期的な措置であった。この連続モニタリングは今年1月からは全国190都市945地点に拡大されている。

このように発表される中国政府の観測データに対して、日本国内から信頼できないとか、日本も米国大使館のように独自に測定し公表すべきではという声が多く聞かれる。私もメディアなどから口をそろえたように同じ質問を受ける。しかし、私自身はそれなりに信頼できると思っている。

そもそも信頼できないとされる原因を考えると3つある。1番目はごまかしすなわちデータ操作、故意に測定値を低くする行為である。しかし、現在のように1時間値をほぼリアルタイムに近い状況で公表せざるを得ない状況下では、一律に継続して不正操作を続けることは難しい。また、周辺に幾つも測定局があるから一つの測定局だけ操作すると不自然に低くなる。2

番目は測定機器に起因する問題だが、採用する測定機器も国の定める基準で決まっており、定期的に検定を受けるから一定の信頼はおける。3番目は測定、維持管理する技術者の水準だが、地方の水準の低い地域には時間的猶予を与えて水準を少しでも向上してから実施するように措置している。

霧（実はＰＭ2.5）が原因で霞む成都空港（1月16日撮影）

このように見ると、残された最後のごまかす手段は、汚染が高くなった時に欠測にするぐらいだ。この点も中国環境保護部はよく心得ていて、連続モニタリングを開始した昨年1月早々に通知を出し、維持管理をよく行い、大事な時に欠測など起こらないよう求めている。

ところで、信頼できないと批判する人は、そもそもどの程度の正確さを求めているのだろうか。大気汚染モニタリングは測定場所と敏感な関係にあり、特に最近関心の高い1時間値は数十メートル離れた場所では、1、2割程度はすぐにデータが異なる可能性がある。また、頻繁に日本の基準を5倍も10倍も超えている地域では、5倍超えているのか6倍超えているのか正確に知ることが大きな問題ではなく、そのような程度で大きく超えているという事実が問題なのだ。

私たちはいたずらに批判や要求をするのではなく、公表されたデータを冷静に見て判断する目を養うことも必要だ。独自に測定したらどうかとの意見にしても、1カ所に測定機器を設置して維持管理するのに年間数千万円もかかることを承知であろうか。そして、仮に北京の日本大使館で測定公開したとしても、そのデータを自己防衛の対策に有効に活用し得るのは、私を含めた周辺に住むわずかな人だけだ。

中国のＰＭ２・５測定局の数はすでに日本を上回っている。そして2年後にはさらに１００以上の都市でもモニタリングが開始される。不必要な投資することなくこれらの公開データを有効に使ってこそ、先進国日本の知恵の出しどころだ。

シャオリュウ

中国環境ウオッチ ⑤

環境ビジネス、商機を勝機に！

（環境新聞２０１４年2月26日掲載）

中国の李克強総理は今月12日に開催した国務院常務会議（主要閣僚会議に相当）で、スモッグなどの大気汚染対策をさらに強化することを指示し、このための専門資金を中央財政に設置して、今年は１００億元（約１７００億円）用意することを明らかにした。この資金を使って大気汚染のひどい重点地域の対策のために「以奨代補」（奨励をもって補助に替える）措置を実行するという。この措置は従来の一律に補助金をばらまく政策に替えて、早く対策に取り組んだ者から優先的に奨励金という形で助成を行うという、地方政府や企業への支援に際して競争原理を取り入れたものだ。

昨年10月、中央政府は重点地域のうち、北京、天津、河北の3省およびその周辺地域（山西省、山東省、内モンゴル自治区）の大気汚染対策のために50億元の中央財政資金を用意し、半分の25億元を汚染が最もひどい河北省に、残りの25億元を他の５地域に均等に配分するという使い方をしている。今回の措置では対象地域を重点地域全体に広げたが、資金も2倍用意することとした。

大気汚染対策のための専門資金の設置は、若干遅すぎる気がしないでもない。環境関連では２００７年に水汚染対策財政専門補助資金、08年に農村環境保全専門資金、09年頃に重金属汚染対策専門資金が設けられ、それぞれ中央財政から毎年資金投入されている。これらの資金運用方法の一部にも「以奨代補」の手法が使われている。

奨励金や補助金が準備されると民間の環境投資や対策が進むのは、日本でも中国でも同じだ。今月中旬に訪問した湖北省武漢市の乳製品製造工場では、最近自主的に石炭だきボイラーを廃止して天然ガスボイラーに換えることを決定した。石炭炊きボイラーを廃止すると能力1トン当たり4万元の補助金が出るだけでなく、先進的なモデル事業と認められれば地方政府からの奨励金も出るからだ。

ただし、リスクも伴う。現状では天然ガスの供給体制が安定せず、冬場の暖房など民生需要が大きい時期には民生優先で供給され、ガスが不足する場合には工場への供給が止められる恐れがある。このため、同工場はもう1台あった石炭だきボイラーを予備用に残すことにした。

中国の規制強化や奨励金制度などをうまく活用して、環境ビジネスを有利に展開できないかと模索する日本企業もある。中国に工場進出している日本の某企業は、今年1月から既設の板ガラス溶解炉にも窒素酸化物の新しい排出基準が適用されるようになったことを受けて、自社の有する脱硝技術の商機を探っている。中国国内では３００前後の板ガラス溶解炉があると推定され、今のところまともな脱硝装置を付けているところはほとんどなく、潜在需要は大きい。

煙を出して稼働する武漢市内の板ガラス製造工場（筆者撮影）

しかし、コスト面での課題もある。これまで板ガラス溶解炉の窒素酸化物の排出規制は緩かったこともあって、既存施設の大半は窒素酸化物の排出量が多い石炭コークスなど低価格の粗悪な燃料を使ってきた。ところが、この新しい排出基準値（１ノルマル立方《メートル》当たり７００《ミリグラム》）は日本などの基準値と比べ２倍以上厳しいものであり、この新基準を達成するためには、良質燃料に転換した上でさらに脱硝装置を付ける必要がある。このため、製造コストが大幅に増加するので、導入を躊躇させている。

今のところ経済的合理性もある有力な対策技術はないようだが、先行して勝機を確実につかむには、製造コストが高くなり一時的に競争力が落ちても、まずは率先して自社の中国工場に脱硝装置を設置し、新基準を達成して見せることが大切だ。先進的なモデル事業と認められれば、奨励金を獲得できる可能性もある。また、新基準を達成できる施設がないため、基準の適用が猶予される恐れ、すなわち商機を失う恐れを防ぐこともできる。

多少のリスクは覚悟しなければ商機を勝機に変えることはできないと思うが、どうであろうか。

中国市民の選択、政治か政策か？

（環境新聞2014年3月26日掲載）

3月5日から12日まで、全国人民代表大会（「全人代」、日本の国会に相当）が開かれた。習近平・李克強体制になって初めて臨む全人代だ。初日には李克強総理が恒例の政府活動報告を行った。この中で李総理は、現在最も大きな課題の一つになっている大気汚染対策の強化を強調した。

折しも全人代開会直前の先月下旬、北京、天津、河北省など中国の中東部地域でまたしても深刻な大気汚染が発生していた。環境保護部によれば、その影響範囲は最大で143万平方キロにも及んだ。日本の国土面積の4倍近い広範囲だ。

2月20日、北京市では昨年10月に「大気重汚染緊急対応プラン（試行）」を制定以降、初めて4段階の警報のうち上から3番目に深刻な3級（黄色）警報を出して、市民に戸外での活動をできるだけ控えるよう呼びかけた。ちなみに一番下の4級（藍色）警報はこれまで8回発令されている。

翌21日にはさらに悪化が予想されることから2級（橙色）警報に格上げし、工場に対して強制的な汚染物質排出削減措置を取ることを要求した。北京市政府はあらかじめ作成したリストに基づき、セメント工場など36社を生産停止とし、石油化学工場など75社を生産停止または汚染物質を30％排出削減させる生産制限措置を発動した。

周辺の河北省や天津市でも同様な措置がとられた。環境保護部によると21～23日の3日間、この広い地域全体の日平均PM2・5濃度は1立方メートル当たり162～174マイクログラム、最大では同341～446マイクログラムであった。日本の環境基準値は同35マイクログラムだから、いかにひどい汚染だったか容易に想像できよう。

2級警報が出されていた24日、私は大気汚染対策の協力について協議するため北京から天津へ向かっていたが、列車の窓から見える外の景色は汚染で真っ白な状態で、地上さえ見なければまるで雪国にいるようであった。汚染は26日夜まで続いた。

この中国の汚染は数日遅れで日本にも飛来してきた。25日から27日にかけて日本各地でPM2・5濃度の上昇が観測され、北陸地方や西日本を中心に25日は1県、26日は10府県、27日も1県で注意喚起が発令された。その中で最も高い日平均値が観測されたのは同96マイクログラム（新潟市）であった。10府県が同時に注意喚起を出したこともあって、日本のメディアでは結構大騒ぎになり、私のところにも取材があったが、この最大観測値を聞いて「日本は平和だな」と思ったものだ。

車中から見た平原の景色は、雪国のように真っ白だった

中国では昨年あれだけの深刻な大気汚染が発生し対策も講じているはずなのに、今年も相変わらず汚染がひどいのはなぜか、どうして改善されていないのかとよく質問される。

もっともな質問だが、冷静に考えればすぐに目に見える効果が出るはずがない。私は政策の効果が出るのに最低2年はかかるといつも答えている。すなわち、問題が発生して中央政府が計画を作るのに半年、それを受けて地方政府が具体的な実行計画を作るのに半年、この計画に従い企業等が恒久的な対策をとるのに最低1年はかかるからだ。

例えば、石炭だきボイラーを止めて天然ガスボイラーに替えるにしても、ガス配管のインフラ整備に時間がかかるし、ガスの供給が追い付かない。工場の閉鎖を命令するにしても、工場に違法行為がなければ、移転や労働者の生活再建などのための時間的余裕を与える必要がある。また、補償措置も必要だ。すぐにできる対策と言えば、今回のように汚染がひどくなった時に、一時的に工場の生産や自動車交通量を制限したり、市民の外出を控えるといった防衛策しかなく、構造的な改善をするには時間がかかる。

いみじくも環境保護部の政策法規担当の友人が皮肉たっぷりにこう言った。「すぐに結果を出せるのは『政治』であって、『政策』ではない」。

政治のパフォーマンスならすぐにでも、セメント工場を爆破させたり（実際にあった）、自動車の通行を止めたりできるが、政策は法に従って行うから手順を踏む必要がある。全人代が終了した13日、街角では指導者の通行の便宜のために交通規制を実施し、渋滞が発生していた。これも政治だ。

中国市民は政治と政策のどちらを選択したいのだろうか。

シャオリュウ
中国環境ウオッチ ⑦

汚染データは国家秘密、土壌汚染

（環境新聞2014年4月30日掲載）

今月17日、環境保護部と国土資源部は「全国土壌汚染状況調査公報」を発表した。この公報によると、国務院（内閣に相当）の決定に従い、2005年4月から13年12月まで、初めての全国土壌汚染状況調査を実施したと述べている。このまま素直に読むと、昨年12月まで調査を実施しており、その結果を今年4月に発表するとは、中国政府は何と対応が早いことかと感心するが、実は素直に感心してはいけない、いわく付きの発表だ。

私の手元には8年前に発表された資料が残っている。これによると、国家環境保護総局（当時）と国土資源部が調査費10億元（約160億円）を投入し、約3年半の時間をかけて全国の土壌汚染調査をすることになっていた。遅くとも10年には結果が発表されなければならない調査だったのだ。そして11年6月に発表された「中国環境状況公報」（環境白書）によると、10年末までに全国の土壌および農産品などの21万余のサンプル採取などを終了し、「全国土壌汚染状況調査総合報告」などを取りまとめたとしている。

その後、この結果の公表を巡り論争が起こった。13年1月、いつまで経っても公表されない調査結果に痺れを切らした一弁護士が、環境保護部に調査データなどの情報公開を申請したところ、調査データは国家秘密に該当するので公開できないと環境保護部が申請を却下した。

環境中の大気や水は特定の個人の所有物でなく公共財の観念が強いが、土地に所属する土壌や農作物は特定の個人や政府を含む機関の所有物であるため、個別地点の汚染状況の公表に慎重になるのは理解できる。しかし、調査結果の概要すらいつまでも公表しないため論争を招いた面もある。同様に公表していない例は他にもある。政府は11年2月に「重金属汚染総合防止第12次5カ年計画」を策定したと発表したが、計画の本文は3年以上経った今でも発表されていない。この計画も企業などによる土壌汚染と密接な関係がある。

さて、今回公表した概要を具体的に見てみたい。調査は耕地、森林、草地、未利用地および工業用地などの建設用地約630万平方キロを対象に実施した。全国土面積の約3分の2だ。耕地の場合、8キロメッシュ毎に1カ所サンプリングした。主要な調査対象物質はカドミウム、水銀、ヒ素など8種の無機物、BHC（ベンゼンヘキサクロリド）、DDT（ジクロロジフェニルトリクロロエタン）など3種の有機汚染物質とした。

クロムで汚染された長沙クロム塩工場跡地（2011年9月、筆者撮影）

評価基準を超えたのは全体の16・1%で、そのうち1・1%が基準を5倍以上超える高い値であった。物質別に見ると、無機物ではカドミウムの超過率が一番高く7・0%、有機物ではDDTの1・9%であった。工業用地を除いた土地利用の類型別で見ると、耕地が19・4%で最も高かった。工業用地などの土地利用では、重汚染企業用地で36・3%、工場跡地で34・9%、工業園区で29・4%、廃棄物処理場で21・3%、採油地域で23・6%、採鉱地域で33・4%、汚水灌漑地域で26・4%、幹線道路沿道で20・3%基準を超えていた。

工業用地などのハイリスク地域で基準超過率が高いのはほぼ想定の範囲内であるが、全国耕地での基準超過率が20%近くに達したのは、やはり国民を震撼させる数値であった。06年にこの調査を開始する際には、全国の耕地面積の10分の1以上の土壌が既に汚染されていると推計して発表したが、実際はその2倍近くあったのだ。

また、今回同時に実施した農産品の調査結果は公表していない。同じく06年の推計では約1200万トンの穀物（筆者注：全穀物生産高の約2・5%）が重金属に汚染されていると発表したが、耕地での調査結果を敷延すれば、この数値も倍近くになろう。直接口に入るものだけに、知らされればパニックになる恐れは十分ある。冒頭紹介した「調査データは国家秘密に該当する」としたのもうなづけなくはない。しかし、「汚染データは国家秘密に該当する」が正直なところだろう。

環境保護部は過日、昨年9月に決定した大気汚染防止行動計画に倣って、土壌汚染防止行動計画の策定を決定した。国務院での審議を経て早ければ年内にも策定される。

シャオリュウ

中国環境ウオッチ ⑧

中国に余裕？・大気汚染協力動き出す

（環境新聞２０１４年5月28日掲載）

中国政府の大気汚染関係者は昨年1年間、国内対応に追われ外国と積極的に対話・協力する余裕もなかったが、大気汚染防止行動計画など一連の国内措置を整えて、多少は時間がとれるようになった。３月20日には懸案であった日中韓3カ国の大気汚染に関する政策対話も北京で開かれた。私も参加して発言した。昨年5月の３カ国環境大臣会合（ＴＥＭＭ）で合意されたのが、ようやく実現したものだ。この結果は4月29日に韓国で開かれた今年のＴＥＭＭで報告されるとともに、この政策対話を定期的に開催し、さらに発展させていくことで合意された。

また、このＴＥＭＭでは、大気汚染により引き起こされる健康影響と環境影響を憂慮し、微小粒子状物質（ＰＭ２・５）、オゾン（O_3）、揮発性有機化合物（ＶＯＣ）や他の汚染物質等による大気汚染に、迅速かつ効果的に取り組む必要性が強調された。その他、地方自治体、企業、研究所を含む多様な主体による協力関係を強化・促進することが奨励された。昨年に比べると協力の内容や方式が随分と具体化されて、進展が見られる。

ところで、一昨年9月の尖閣諸島の国有化以降、中央政府間のハイレベルでの対話が停滞しているのは皆承知の通りだ。首脳会談は言うに及ばず、担当大臣間の対話も実現せず、せいぜい立ち話やマルチの会合で意見交換を行うにとどまっている。中国側関係者の話によると、中国外交部（外務省）が歯止めをかけているようだ。環境分野も例外ではない。

今年のＴＥＭＭも昨年同様、中国の周生賢環境保護部長（大臣）は国内業務の多忙を理由に欠席し、李幹傑副部長が代理出席した。周大臣はこの2年ほど海外出張していないようなので、特に日韓の大臣と会うのを嫌っているというわけではないが、今年も大臣同士の直接対話は実現しなかった。

一方、外交部は地方政府や民間の交流について、中央政府の関係とは別扱いにしている。先月下旬に舛添要一東京都知事が北京市長の招きに応じて北京市を訪問し、北京市長との間で大気汚染対策分野等での協力を進めていくことについて合意した。外交部はこのような民間および地方同士の友好交流について積極的な支持を表明している。

日中韓３カ国大気汚染政策対話（３月20日、北京。写真提供・北九州市内藤英夫部長）

　緊迫した政治状況は、環境協力の進め方にも少なからず影響を及ぼしている。現在、新たな協力について中央政府間では実務的には合意できても、形式的な合意（ハイレベルでの合意）にまで、なかなかたどり着けない。分かりやすく言うと、高官による覚書の署名等ができないということだ。国際協力機構（JICA）のプロジェクトなどは、覚書の署名交換など形式要件が揃わないとスタートできないものもあるから、影響は小さくない。

　私が昨年秋以降精力的に携わっている、環境省の中国大気環境改善のための日中都市間連携協力事業も例外ではないが、実務的な合意を一歩一歩重ねつつ何とか前進している。中国側のニーズもあるからだ。『氷を解かす旅』（温家宝総理の訪日）と言われた7年前の蜜月時代なら、直ちに首脳間で合意されてもおかしくない協力事業だと思うが、別居状態同然の今は、外交部も積極的に支持している地方都市間交流を前面に出して協力を進めていくことになる。東京都のほか、北九州市、四日市市、川崎市など実績のある都市の頑張りに期待したい。

　私が直接ヒアリングした範囲では、中国側関係都市は中央政府間の関係や最近の中国国内の海外出張制限等に関連する諸規定（「八項規定」）を気にしつつも、都市間連携協力を進めることに期待している。各地方政府とも地方版大気汚染防止行動計画を策定して一段落し、これを実行する過程での具体的な課題も明らかになり、解決のため日本の経験や環境技術も参考にしたいからだ。

　国際協力は相手に余裕が出てきた時でないと進まない。ようやくその時期が来た。

シャオリュウ
中国環境ウオッチ ⑨

中国の環境統計はミステリー

（環境新聞2014年6月25日掲載）

6月4日、「2013年中国環境状況公報」（環境白書）が発表された。今年の特徴はやはり重点課題の大気汚染対策について強調していることだ。12年2月に大気環境基準を改正強化し、13年1月から汚染のひどい重点地域や省都など74都市で先行して適用した。新基準の達成状況は極めて悲惨であり、74都市のうち達成したのは海口（海南省）、舟山（浙江省・東シナ海の島々）、ラサ（チベット自治区）の3都市、達成率にするとわずか4・1％であった。いずれも大きな汚染源はなく、周辺環境も海や山など良好な地域だ。昨年までは旧基準で評価し、達成率は91・4％だったことと比べると、一気に天国から地獄へ落ちた。

この4・1％とは別に、74都市の平均基準達成率60・5％という数字もある。どちらが正しいのか尋ねられることがあるが、どちらも正しい。前者は年平均値の環境基準の達成割合、後者は日平均値の環境基準の年間達成割合を見たものだ。後者の方が汚染のひどい日がどのくらいあったのか分かりやすい。このように、達成率として発表される統計は複数あるから、引用したり日本の基準と比較する場合などは要注意だ。

ところで、毎年白書の冒頭は主要汚染物質の排出削減状況で始まる。これは06年に策定した第11次5カ年計画で、当時の主要汚染物質である二酸化硫黄（SO_2）と化学的酸素要求量（COD）の排出総量削減目標を設定したことに伴い、毎年その目標達成に向けての進展を記述したものだ。11年の第12次5カ年計画からは、窒素酸化物（NO_X）とアンモニア性窒素の目標も追加した。

CODの排出総量の変化を見るとおもしろいことに気づく。10年までの排出総量の統計と11年以降の統計が大きく異なることだ。具体的に数字で挙げると10年の排出総量が1238万1千㌧、11年が2499万9千㌧と2倍以上増えている。この理由は、10年までは工業系と都市生活系の排出量しか集計していなかったが、11年以降は08年に実施した第1回全国汚染源全面調査（環境国勢調査）の結果を踏まえ、潜在排出量の大きい農業系の統計もとるようになったからだ。

このように、中国の環境統計では統計技術の進歩と母集団の追加に比例して、汚染物質の排出総量も増加するという不思議な現象が起こっているから、データの解釈には注意が必要だ。90年代のSO_2排出量も当初は国有企業だけが調査対象だったが、後に一部の郷鎮企業も追加されるようになった。NO_xの統計は06年からようやく開始、自動車排出ガス統計は09年からだ。

畜産排水対策は今中国で最も大きな課題の一つ（2014年、筆者撮影）

この新たに集計された農業系汚染源の9割以上は、畜産排水によるものである。10年の統計によれば中国では4億6千万頭の豚、1億1千万頭の牛、53億5千万羽の家禽が養殖されている。肉類の生産消費量は年々増加の一途をたどっており、これに伴い畜産経営も大規模化し、畜産排水による環境への圧力は日増しに高まっている。CODの排出総量は工業系の3倍以上、アンモニア性窒素は2倍以上に達している。農業汚染源の統計整備は遅すぎたとも言える。

そして、統計の整備は対策の強化と一体でもある。対策の効果を定量化し評価できるからだ。環境保護部と農業部は12年11月に全国畜産養殖汚染防止第12次5カ年計画を策定した。また、13年11月に国務院は畜産大規模養殖汚染防止条例を制定し、今年1月から施行した。

その他、排水関連では、農村からの生活排水についてまだ一部の地域しか集計していない。現在、全国の農村で生活汚水処理施設の建設が進んでおり、16年以降はこの方面の統計整備が進むだろう。これにより、統計上の汚染物質排出総量がまた増加する。

06年以来、中国では環境対策の推進に、地方政府等に削減ノルマを課して汚染物質の排出削減を強制する「目標責任制」を採用した。努力の成果は数字として表れるが、これを裏返すと数量化されない、すなわち、統計に計上されない分野の対策には努力しないことになる。評価されないからだ。中国の環境統計とその作用は実にミステリアスだ。

シャオリュウ中国環境ウオッチ ⑩

先に通達、後から立法

（環境新聞2014年7月23日掲載）

今年4月、中国の環境保護法が四半世紀ぶりに改正された。日本の環境基本法に近いもので、来年1月から施行される。

1979年に制定された後、10年間の試行期間を経て89年に本格施行されてから久しい。実際には10年以上前から改正の必要性が叫ばれ準備作業を行ってきたが、ようやく実現したものだ。実は03年からの数年間、私もこの準備作業を手伝っていたことがある。

大気汚染防止法や水質汚染防止法などが、大気、水といった環境を構成する要素に着目した縦型の法律とすれば、環境保護法は各環境構成要素の保護に共通する、横断的な事項を中心に定めた横型の法律と言える。ここでは、私の視点から注目するポイントを簡単に紹介したい。

まず第1条の目的に、「生態文明の推進」を掲げた。生態文明は07年の中国共産党第17回全国代表大会で登場した理念だが、12年の第18回全国代表大会では、党規約を改正して生態文明の建設を盛り込み、中国共産党の重要な行動規範の一つになっていた。

第4条では、「環境保護は国家の基本的国策である」と明記した。この理念は83年に開かれた第2回全国環境保護会議で初めて明確化されたものだが、これまでは実際のところスローガン倒れとなっていた。この法改正で改めて決意表明し直したと言える。

第9条では、報道メディアは環境保護への違法行為に対して世論監督を行うとし、これまで「社会監督」と呼ばれていた行動をこの法律で具体化した。

第20条では、最近の大気汚染対策に見られる、行政区域をまたぐ共同的防止調和メカニズムを確立することを要求した。

そして、以下は私が特に注目している内容だ。第26条で、「国家は環境保護目標責任制と審査評価制度を実施する」とした。環境保護目標の達成状況を地方政府の関係部門およびその責任者の成績評価の重要な根拠にするというものだ。また、第44条では、「国家は重点汚染物質排出総量規制制度を実施する」とした。そして、総量規制の指標を超過し、または国が定めた環境目標を達成していない地域に対しては、その地域で新増設する建設プロジェクトの環境アセスメント文書の審査認可を一時的に止めるとした。これは「地域認可制限」と呼ばれる。

実は、これらの措置は06年に第11次5カ年計画を策定した時から導入を始めたものだ。この5カ年計画では、初めて省エネ・汚染物質排出削減に関する強制的な目標を定めた。そして、この目標を達成するために国務院（日本の内閣に相当）は、全国主要汚染物質排出総量抑制計画などを発表し、各地方への割り当て計画を作成した。これを守らせるため、国務院と各地方のトップは目標責任書を取り交わした。これが環境保護目標責任制の始まりだ。また、07年に国務院は通達を出し、地方政府の指導者・幹部の成績評価の際に、省エネ・排出削減目標の達成状況を評価項目に加えるとした。同時に地域認可制限の措置をとることも通達した。

深刻な環境汚染設備は強制的に淘汰される（かつて淘汰の対象となった電気炉。筆者撮影）

このような措置は、法的根拠が必ずしも明確でない中で、国務院などの通達ベースで先行して実施していたものだが、今回の法改正では、これまでの借金をまとめて精算するように、懸案事項を一気に法制化したのが大きな特徴と言える。

第46条の深刻な環境汚染生産工程などの淘汰制度、立ち遅れた技術などの禁止措置も同様だ。中国の立法制度は日本のそれとは異なり、問題が発生してもすぐに法改正に動ける仕組みになっていない。法律を制定する全国人民代表大会（日本の国会に相当）が5年から10年ぐらい先までの立法計画を策定し、基本的にその計画に沿って審議されるからだ。それまでの間は国務院や各省庁の決定、通達などの形で実行される。昨年9月に国務院が策定した「大気汚染防止行動計画」も緊急に策定したので、大気汚染防止法に具体的な根拠があるわけではない。この大気汚染防止法は今年末に、ようやく15年ぶりの改正審議が行われる予定だ。

このように、中国では「先に通達、後から立法」措置をとることが多い。今回の環境保護法の改正は滞貨を一掃し、重要な環境政策と対策に法的根拠を持たせた点に大きな意義があると思うが、どうであろうか。

シャオリュウ

中国環境ウオッチ ⑪

黄砂共同研究の見えない壁

（環境新聞２０１４年８月27日掲載）

最近の中国国内出張と言えば大気汚染のひどい都市ばかりだったが、７月下旬、久しぶりに内蒙古自治区最北にある蒼天の大草原に出かけた。空気の澄んだ国家級の自然保護区だ。しかし、このように良好な環境の地域でも、草原の一部が流動砂丘化し、黄砂（中国では砂塵嵐と呼ばれる）の発生源の一つになっている。地元政府では多額の資金を投入して、砂丘の固定化と緑化事業を行っている。ここでは数年前から、日中韓３カ国共同で黄砂発生源対策を研究している。

私たちが訪問したのは、フロンベイル市という、北はロシア、西はモンゴルと国境を接する辺境だ。ただし、市と言ってもその面積は26万平方キロ以上あり、日本の本州より大きい広大な土地だ。10年前にも訪問したことがある。市街地は当時と比べて開発が進み、オフィスビルとマンションの建設ラッシュであった。冬場は零下30℃以下になるので、建設工事が出来るのは夏場の約半年間だけだ。短い秋には工事職人の奪い合いになる。現在中国は世界のセメントと鉄鋼の半分近くを生産する開発大国だが、その開発の波がこのような辺境にも及んでいる。

流動砂丘の固定化は、主に砂丘表面にわらを格子状に編んで、砂が移動しにくいように固定する方法をとる。「草方格」と呼ばれる方法だ。緑化する場合には、この格子内に縦列に２～３列15センチほどの溝を掘って多年草の種をまく。運良く雨が降れば、１週間も経たずに発芽する。それぞれの土地に合った種を混ぜ合わせるのがコツだそうだ。

政府が投入する事業資金の多くは地元牧民に支払う人件費に使われるから、現金収入の少ない牧民の経済支援対策にもなる。緑化作業中の牧民にインタビューしたら、日当は１００元（約１７００円）だとそっと教えてくれた。そして、自分たちの土地の環境保護になるから意義があるとも言った。この日私たちが見た現場では30人ほどが働いていた。

日当の相場は地域によって異なる。四川省では１５０元ほどだという話も聞いた。ちなみに北京のレストランで働く服務員の給料も日割りにすれば１００元ちょっとだから、日当の１００元は決して少なくない。十数年前に内蒙古の別の地域を訪ねた時は、年間決められた日数だけ無報酬の労役に徴発されると説明された。ここでは最近まで「租庸調」の世界が存在していたのだ。

「草方格」に溝を掘って種まきをする牧民（筆者撮影）

さて、黄砂発生源対策研究の話に移ろう。３カ国で共同研究しているというと聞こえはいいのだが、内実は難しいところがある。特に対策の提案となると、必要な情報が集められずになおさら難しい。その理由は、外国人が情報へのアクセス、特に気象関係情報へのアクセスや自身で気象データを集めることが、実質上禁止されているからだ。中国気象法では、外国人が中国管轄地域内で気象関連の活動をする際には、主管部門の許可を必要としている。そして、実質的には許可が出ないという見えない障壁が存在する。

かつて次のような事件があった。

１９９８年、長江流域など各地で洪水が頻発していた折、スパイの取り締りなどを行う国家安全局が河川近くを巡回していた際に、一つの百葉箱を見付けた。日中の専門家が共同で簡単な気象観測をしていた施設だが、問いただされた中国側の担当者は安全局の名に怯え、日本人専門家が管理しているものだと言い逃れた。名指しされた日本人専門家は即座に拘束されて、安全局に拘留された。理由は気象条例（現気象法）違反容疑だ。気温などを勝手に観測し、記録していたからだという。

しばらくしてからこの専門家は解放されたが、このような軽微と思われることでも違法行為に問われるから、中国の現場での共同調査や研究には、困難と危険がいっぱいだ。黄砂共同研究も開始以来現場視察が中心で、気象データを必要とする実質的な研究にまだ入れないでいる。一方、法律をよく知らない中国側研究者は、何もしないように見える日本側にしびれを切らし始めている。政府間の調整でようやく許可申請をしてもらうことになったが、あてにならないのが中国の現実だ。

シャオリュウ

中国環境ウオッチ ⑫

日本は今なお環境先進国か？

（環境新聞２０１４年９月24日掲載）

最近、環境省の都市間連携事業の関係で、日本の自治体関係者と一緒に、上海市、武漢市、天津市、広東省および江蘇省人民政府を訪問した。いずれも大都市・省で、広東省の人口は約1億人と日本の人口にほぼ匹敵する一国並みの多さだ。どこも開発ラッシュで、道路、地下鉄などのインフラ整備も目を見張る勢いで進んでいる。すでに日本を超えた観がある。

環境省の都市間連携事業は、正式には中国大気環境改善のための都市間連携協力事業という。大気汚染に苦しんでいる中国の地方政府と日本の地方自治体が連携・協力し、中国の大気汚染改善に取り組んでいこうというものだ。

日本では355の自治体が中国の地方政府と友好都市関係にある。都道府県に限ると何と37都道府県もある。この関係その他の既存の協力関係を最大限に活用しながら、中国の大気汚染対策に協力しようというのが都市間連携事業だ。私のＩＧＥＳ北京事務所は今年7月から、事業の全体調整と個別の協力に対して支援を行うプラットホームになった。上述の5都市・省のパートナーは北九州市、四日市市、兵庫県、福岡県だ。その他、川崎市と瀋陽市、富山県と遼寧省、東京都と北京市などもパートナー関係にある。

この事業では今後5年間に、訪日研修や専門家派遣などの人の交流、共同研究、モデル事業などの方式で、ＰＭ2・5対策を中心とした協力を考えている。具体的には、ＰＭ2・5発生の原因となる揮発性有機化合物（ＶＯＣ）対策、オフロード車・機械対策、工事現場からの揚じん対策などのほか、汚染源解析、モニタリング、予報警報システムなどの分野でも協力ニーズが高い。上述の5都市への訪問は、具体的な協力内容の調整と各都市の取り組み状況を把握するために行ったものだ。

さて、ここからが今回の話の本題だ。視察した結果はどうだったかというと、私個人の感想だが、モニタリング分野に関しては「無語」、すなわち、言葉が出ない状況であった。呆れたのではない、素晴らしすぎるのだ。私は９０年代後半から、中国各地の環境モニタリングセンターをずっと見てきているが、最近の充実ぶりは半端ではない。スーパーステーションと呼ばれる最上級施設では最新設備が完備され、モニタリングだけでなく多角的な分析・解析も行われ、日本の自治体レベルをはるかに超えていた。日本に１台しかない米国製のオゾン濃度校正標準器も、広東省、江蘇省、上海、北京に合計５台も備えられ、中国全国のオゾン濃度測定の品質を保証できる体制になっていた。

自動車排ガス遠隔監視装置で表示された通行車両の排ガス濃度

　南京市で見た自動車排ガス汚染監督管理システムも優れものだ。中国ではまだ北京市と南京市しか採用していないシステムだが、路上に設置した遠隔観測装置で瞬時に通行する車の排出ガス濃度を測定し、そのデータは直ちに中央監視センターへ転送保存され、基準を超過している場合は自動車の所有者にショートメールで点検などを促す通知を出す。罰金（１００元）をとることもできるという説明だった。南京市内に１９０万台ある登録自動車の９５％以上に、車両情報（ナンバー、所有者、連絡先、車両の型式、適用される排ガス規制等）が分かるチップを貼り付け、監視装置で情報を読み取るのだ。車の写真も同時に撮る。市外からの流入車両もあるので、現在、周辺地域にも同システムの導入を呼びかけているという。説明を聞いた後、私は半分真顔で日本から研修員を送り出したいと発言した。

　以上はほんの一例だが、中国では数年で全く様変わりするほど、急速に環境インフラの整備が進んでいる。ソフト面での整備はこれからのところもあるが、ニーズが高いからレベルアップするのも時間の問題だ。

　敏感な日中関係などさまざまな意味を込めて、「こんな中国になぜ協力するのか」と尋ねる人は必ずいるだろう。私はこう答えることにしている。「日本が世界から遅れないために、協力という名を借りて現場トレーニング（ＯＪＴ）しているのだ」。

　日本の公害経験を経て形成された環境先進国のインフラは、もはや過去のものになろうとしている。

シャオリュウ 中国環境ウオッチ ⑬

日本の環境技術適用の課題

（環境新聞２０１４年10月29日掲載）

今月16日、北京にある清華大学で「第2回国際環境技術合作大会」が開かれた。セミナー形式で開かれたこの大会は、主として日系企業の排水処理技術や大気汚染対策技術などの環境技術を紹介することを主眼に企画されたものだ。主催者は清華大学環境学院と中国環境投資連盟という民間組織で、政府組織は一切関与していない。主催者によると、比較的高い参加料にもかかわらず、このセミナーには４００人以上が参加したということから、日中関係が冷え込んでいるといえども、日本の環境技術への関心がなお高いことがうかがわれる。第1回大会は3年前に開かれ同様に盛況だったが、その後、尖閣問題など敏感な政治問題が顕在化し開催が見送られていた。

大会は、大手日系企業（一部米国系企業）が発表し、主として中国の専門家が技術的な観点からコメントする形式で進められ、まるで環境技術品評会のようで素人の参加者にも分かりやすかった。私も主催者の要請でコメンテーターの片隅に席を並べたが、大したコメントもできずに終わった。中国人の聴衆が大勢いる中で日系企業の技術を褒め讃えるのも白々しいし、かと言って聴衆の面前で課題を指摘するのも、ビジネス展開の足を引っ張ることになるから難しい。結局は幾つかの発表に対して、中国でのニーズはあるから頑張れ、という程度の当たり障りのない発言しかしなかった。

実際のところはどうなのかと言うと、これはなかなか評価が難しい。環境技術はニーズがあって発展してきたものだ。しかし、国によりニーズの要求するところが多少異なれば、適応させる技術も多少は変える必要がある。そして適用技術は、そのニーズを囲む外部条件の影響を大きく受ける。たとえば、日本の下水処理などに適用される膜処理技術（ＭＢＲ）は、日本では分流式で収集された汚水を処理することを前提として発展してきた。しかし、中国ではまだ多くの都市や小さな町では、依然として雨水も同時に収集する合流式になっており、雨水も混じった汚水を処理することを前提としなければならない。小石などで膜が破れる恐れがあるから合流式ではだめだと言っていたら、中国では商売にならない。

今月16日に開かれた第2回国際環境技術大会（筆者撮影）

また、関連するその他の規制の存在が最適技術の適用を阻害する場合もある。たとえば平板ガラス製造工場（板ガラス溶解炉）の排煙脱硝技術はあるのだが、中国では省エネを進める国家発展改革委員会の指導で工場に廃熱回収を義務付けており、これにより排ガス温度が低下して最適な排煙脱硝技術の適用を妨げている。このような場合は総合調整のメカニズムが必要だと指摘したことがあるが、現実には調整されないのであるから最適技術の適用は当面見送って、与えられた不利な条件下での適用も考えないとビジネスにならない。

よく日本には優れた環境技術があるからチャンスだと言われるが、実際は悪く言えばガラパコス化した日本で最適化した技術だということが忘れられている。だからコストも高くなっており、途上国では価格面でも勝負に耐えられなくなっている。私はこれまで中国の農村地域で小規模汚水処理場のモデル施設の建設事業に携わってきたが、コストが高めにできているはずのモデル施設でさえも、日本の同様の処理施設と比較すると、ざっくり言って大体5分の1から10分の1程度の建設コストだ。これでは日本のものをそのまま中国に適用できるはずがない。

以上、少し悲観的に言い過ぎた観があるが、日本に基礎技術があることは間違いない。難しく考えずに初心に帰って、これを途上国でどのように組み立て直すのか考えることから始めれば良いだけであると思う。そのためには、現場に出てニーズと制約をよくみることだ。そして、意思決定をする責任者が最前線に立ってみることが大切だ。

シャオリュウ
中国環境ウオッチ ⑭

「邯鄲の夢」大気汚染克服できるか？

（環境新聞2014年11月26日掲載）

　今月17日、河北省の邯鄲《かんたん》市を訪問した。邯鄲は省第3位の経済規模で面積1万2千平方キロメートル、人口1千万人の大都市だ。3千年以上の悠久の歴史があり、春秋戦国時代には158年間にわたり趙国の都が置かれた。また、この地方は鄴《ぎょう》州とも呼ばれ、三国志で有名な曹操が一時期魏国の都としていたところだ。現在は石炭火力発電、鉄鋼、セメント、ガラス製造など高汚染型の産業が集中し重工業都市を形成している。昨年1月から全国の主要74都市で、改正後の大気環境基準に基づき24時間連続モニタリングが行われているが、邯鄲市は常にワースト10上位に名を連ねる大気汚染の激しい都市だ。

　環境省が日本の地方自治体と中国の地方都市との間で、大気環境改善に関する都市間連携協力事業を進めていることは、以前この連載でも紹介したが、今年秋になって邯鄲市から北九州市に対して協力の要請があり、今回北九州市の関係者と一緒に急きょ訪問することになった。

　邯鄲市環境保護局の説明によれば、昨年の大気汚染の悪化を受けて既に多くの手を打ってきている。昨年以来3167社の「3種の小企業」（小規模なセメント、石灰、石材加工）を閉鎖停止させ、955台の小規模石炭ボイラーを撤去させ、1650本の煙突を取り壊し、193カ所の施工現場で24時間遠隔監視して揚塵対策を管理したという。

　また、邯鄲市の基幹産業である製鉄所（邯鄲鋼鉄集団）でも設備の近代化に努め、09年には最新鋭高炉を導入した。中国随一のエネルギー効率を誇るという。圧巻が石炭、鉄鉱石等の原料置き場の揚塵対策だ。原料ヤード全体を長さ534メートル、幅180メートルのドームで完全に覆って完璧な粉じん発生防止対策を講じていた（写真）。昨年6月に完成した中国で最初の施設との説明だったが、日本でもこれだけ完璧な対策を施した施設はない。部分的にシートで覆ったり散水して飛散防止を図っているのがせいぜいだ。そのほか、主要な汚染源ではオンラインモニタリングを行い、そのデータはリアルタイムで、市、省、国の環境保護部門に送られている。

すでにこれだけの対策を行っていて、さらに日本から学びたいと言われても、私たちには教えられることはほとんどないし、国情や国民性が違っていて教えても役に立たないこともある。

中国初の巨大なドーム式原料ヤード（筆者撮影）

全国各地を回ってよく聞かれることは、どのようにすれば企業に対する監督管理の効果が上がるのかという質問だ。中国では政府が厳しく監督管理しなければ守らない。すなわち、閉鎖停止させられた工場や施設を無断で再稼働したり、排ガス・排水処理施設を勝手に止めたり、不法投棄するなどの行為が日常茶飯事であり、さらには下級政府が上級政府に虚偽の報告をすることもある。

かつて日本の企業でも同じようなことがあったとも聞くが、今の日本では企業自身による自主的な環境管理が基本だ。日本はそんな監督管理体制で大丈夫なのかと質問されるが、貴国とは発展の段階と国民性の違いが大きいとしか答えようがない。そして現在の中国ではこれは最も合わない管理方法だから、理想ではあっても全く参考にならない。

産業構造を変えず、かつ高度成長を維持しつつ大気環境を改善するという離れ業が果たして存在するのか、そんな夢のような方策を提案できるのか。私たちはとんでもないところに首を突っ込もうとしているというのが私の第一印象だった。協力はできても解決の方策までは思い浮かばない。

邯鄲に来て、その名にちなんだ成語がたくさんあることを初めて知った。「邯鄲の夢」もその一つだ。要するに「はかない夢、虚しい夢」というような意味らしいが、産業の発展と大気汚染克服の両立が「邯鄲の夢」で終わらないことをただただ祈るのみである。

※上述の「邯鄲の夢」は筆者の意訳であり、詳しい内容はぜひ辞書などでお調べ下さい。

シャオリュウ

中国環境ウオッチ ⑮

楽でなくなった中国での暮らしと仕事

（環境新聞2014年12月17日掲載）

今月7日から今年最後の中国出張をした。北京事務所長の肩書で1年の半分を中国で過ごしているのだから、中国出張と呼ぶのは少しおかしいのだが、住民票を日本において日本で納税しているので、まあ間違いとは言えない。衆議院選挙の不在者投票を済ませてから出かけた。

先月10日におよそ2年半ぶりに日中首脳会談が実現し、日中関係が多少好転することを期待しているのだが、この重要な時期に国内で選挙などやっている場合ではないと叫びたいところだ。外交が停滞し、良い方向に向かい始めた流れが再び止まってしまう恐れがある。そして経済状況を見れば、人民元がドルに対して高くなっていく一方で、円安は進むばかりだ。中国ではこの数年間に円の価値が約3分の2に下落した。すなわち、物価が1・5倍になった計算だ。円安・物価高と大気汚染、更には嫌中もあって、北京、上海などに住む日本人は減少する一方だ。日本人学校の経営維持も大変と聞く。中国での暮らしも仕事も楽ではなくなった。

今年は日中間を14往復し、中国国内では延べ26都市を訪問した。そして今年最後の訪問先となったのは、浙江省の嘉興市と山東省の威海市である。いずれの市でも農村地域で小型の汚水処理モデル施設を建設している。数千人規模の集落の生活排水処理が可能だ。私たちのチームはこれまで、環境省と中国環境保護部の「農村地域等における分散型汚水処理モデル事業協力」で、計11基の汚水処理施設を設計、建設した。嘉興市の施設は先月完成したばかりで、今回は検収に立ち会うために出かけたものだ。

この協力事業は来年3月末で終了する予定だが、結構苦労が多かった。新疆ウイグル自治区ウルムチ市の農村で建設した施設は、当地で発生した民族対立を巡る暴動の影響で現場に入れず、半年以上完成が遅れた。黒竜江省ハルピン市では、社会主義新農村建設計画が頓挫し、隣の村の住民が移転してこなかった。上述の威海市では、施設の建設途中で全国規模の反日デモが発生し、ここでも私たちは現場に入れず、工期が遅れただけでなく契約していた現地の土木業者から遅延賠償金まで取られた。最後のモデル施設建設となる嘉興市では、建設の直前になって軍事関連施設が周辺にあるという理由で建設許可が下りず、再度一から対象地域の選定をし直すことになり、当初より完成予定が遅れた。しかし、何とか年内には間に合い、今回検収に訪れた。

浙江省嘉興市の農村に建設した生活排水処理施設（筆者撮影）

　ここでは、日本ではほとんど見られない鉄板枠を使った浄化槽タイプの処理施設（写真）を建設した。この地域で最近よく見られる方式を採用したものだ。移設も可能で、鉄板はリサイクルできる。外部の塗装は少し値段が高くなるが、日本の某大手メーカーの光触媒を用いた環境保全型塗料（従来品）を採用した。防汚効果と壁面に接触した大気中の硫黄酸化物や窒素酸化物を分解する効果がある。この従来品の空気浄化効果については環境省が武漢市で実施したモデル事業でも試したことがあるので、私たちは「大気汚染対策にも貢献する日本の汚水処理モデル施設」をウリにしようと考えた。地元政府関係者も私たちの提案を歓迎した。

　ここまでのアイデアは良かったのだが、最近の報道によれば、このメーカーでは価格競争力を持ち塗装作業の容易性も併せ持つ新製品を発売したという。一般製品に比べ高価格がネックだったため、このような改善努力は中国での環境ビジネスで競争力をつける上でも歓迎だ。しかし、従来品ほど空気浄化効果はなくなったと後から聞いてがっかりした。大気汚染対策にも貢献するというセールスポイントが弱くなったら、私たちがモデル施設で試してみた意義も小さくなってしまう。

シャオリュウ 中国環境ウオッチ ⑯

絞っても出てこない知恵

昨年、歳の暮れも押し詰まった12月28日、北京で第8回日中省エネルギー・環境総合フォーラムが開催された。経済産業省、中国国家発展改革委員会等が主催して実施したものだ。毎年日中交互で開催してきたが、2012年秋に「皆様ご承知の問題」が発生して以来、中国での開催が中断していた。皆様ご承知の問題と言えば、もちろん尖閣諸島国有化を巡る一連の政治問題を指すが、中国国内の会合でこれに関連して話をする場合、中国側の人たちは、たとえば「皆様ご承知の理由」などと表現し、問題への直接的言及を避ける。事を荒立てたくない賢い物言いだと思う。私も時々使っている。

話を戻すが、今回のフォーラムは、昨年11月北京でのアジア太平洋経済協力（APEC）首脳会議時に日中首脳会談が実現した結果、開催に結び付いたと言ってもよい。関係を回復するにはやはり大きなきっかけが必要だ。

そして、大気汚染対策もいよいよ佳境に入ってきた。今年1月からは全国の常時監視測定局を倍増させ、338都市の1436カ所でモニタリングを開始した。また、大気汚染防止法の改正案も全国人民代表大会（日本の国会に相当）での審議に入り、現在1月29日締め切りでパブリックコメント中だ。改正案は重点排出分野・地域の対策強化、単一物質から複数物質の同時対策、地域対策から地域間連携対策、高濃度汚染の予報・対応メカニズムの確立など、一昨年来の激甚大気汚染の教訓を盛り込んだ内容になっている。中央・地方政府の環境保護部門の任務はますます重くなった。

日本が中国の大気汚染対策に協力していることはこの連載で何回も書いてきたが、今月14日、環境省は関係自治体等15団体に呼びかけて、中国大気環境改善のための都市間連携に関する会合を開催した。私のところ（IGES）がこの協力のプラットフォーム（事務局）になっている。会合では来年度の協力方針についても確認した。①中央政府レベルでの連携強化②個々

（環境新聞2015年1月28日掲載）

の協力の深化③中央・地方政府の政策動向の迅速な実態把握——等の課題への対応などだ。この協力は地方政府レベルではすでに北九州市等9つの自治体が協力に着手したが、中央政府レベルではスタートは早かったものの、具体的な進展はあまりなかったので、今後対話の機会を拡大して事業を加速させようというものだ。また、地方政府間の協力も今年度は訪日研修や現地セミナーなど人の交流が中心だったが、これからは大気汚染改善に繋がる共同研究やモデル事業の実施等、具体的な汚染削減に結び付く協力内容に深化させようというものである。その他、現在の中国では政策の進展が著しいので、適切な協力を行うためにその政策動向を迅速にキャッチアップしていくことなどである。

第8回日中省エネ・環境総合フォーラムの様子（出典：経産省ホームページ）

しかし、具体的な協力内容の検討に入ると壁に突き当たるのはいつもの通りだ。要望に応えられないことも多い。外国人が個別の発生源データや気象データにアクセスするのは厳しく制限されているから、日本が得意とするシミュレーション（予測）は直接できないし、従って精度の高い高濃度汚染の予報なども当然無理だ。また、汚染削減のため中国の民営企業に日本の最新処理装置をプレゼントするなどということもできない。せいぜい企業の汚染排出構造を診断して、最後はよい日本製品・技術を紹介するから買って下さいというだけだ。

双方にとってどのようなよい協力ができるかを考えるのが私の仕事なのだが、日中それぞれの制約が多く、現実には多くの壁が存在する。両国の関係が回復に向かってもよい知恵を出せなければ、結果は何も変わらないのと同じだ。そう思い自分に鞭打って、ない知恵を絞ろうとしているのだが、時には経験が災いして新しいアイデアの芽を摘んでしまっている。新鮮な発想も必要だ。

シャオリュウ中国環境ウオッチ ⑰

伝家の宝刀、環境アセス

（環境新聞２０１５年２月25日掲載）

昨日（2月24日）から東京都内で、アジア地域における環境影響評価（環境アセス）の促進に向けた国際ワークショップが開かれている。中国を含むアジア等からの約20カ国と7つの国際機関が参加して、アジア諸国における環境アセス実施の経験等を共有し、各国の環境影響評価制度の強化に向けた地域内協力の推進を目的として実施しているものだ。環境省が主催し、ＩＧＥＳが実施機関として運営している。

環境アセスは、かつては先進国のお家芸だったが、現在では開発計画、建設プロジェクトが目白押しの途上国における有力な環境破壊抑制等の手段になりつつある。中国では02年に環境影響評価法が制定されて以来、毎年20万件以上の法に基づく環境アセスが実施されており、12年には42万8千件が審査された。このうち、本格的な環境アセスは2万9千件で、その他はいわゆる簡易アセスだ。建設プロジェクトのほとんどがアセス対象になる。その他土地利用計画や地域開発計画などもアセスの対象にしている。

建設プロジェクトに係る環境アセスは、本来はそのプロジェクト実施による環境への影響を調査、予測および評価するものであるが、中国ではその審査と認可行為は次第に本来意図するところ以上の影響力を持つようになってきている。

06年の第11次5カ年計画から、強制力を持った汚染物質排出総量削減措置（二酸化硫黄と化学的酸素要求量が対象。11年の第12次5カ年計画では窒素酸化物とアンモニア性窒素を追加）が導入されたが、国務院（日本の内閣に相当）はこの総量削減目標を是が非でも達成させるため、汚染物質の削減措置が順調に進まず目標未達成の地域（流域）に対し、環境アセスの審査手続きを一時的にストップすることで、汚染物質の排出を伴う新規の工場建設等を一切認めないという強硬措置（「地域認可制限」と呼ばれる）の実施を通知した。そして08年の改正水汚染防止法で同制限の法的根拠規定を明記し、さらには今年1月から施行した改正環境保護法でも条文化した。現在、全国人民代表大会（日本の国会に相当）で審議中の改正大気汚染防止法案でも条文化し、あらゆる面から地域認可制限の法制度化を図ろうとしている。

大規模開発計画は環境アセスの対象

また、13年初からの激甚大気汚染を受け、同年9月に国務院が急きょ制定した大気汚染防止行動計画では、関係官庁との調整を経て、環境アセスの審査と認可行為にさらに強い影響力を付与している。具体的には次のように書いている。

「環境影響評価の審査を通過していないプロジェクトを関係官庁は承認、許可、登録してはならず、土地を提供してはならず、着工許可してはならず、生産許可証、安全生産許可証、汚染排出許可証を交付してはならず、金融機関はいかなる形においても新たに与信してはならず、関係事業者は電気、水を供給してはならない」。

すなわち、環境保護部門が環境アセスの審査手続きを一時的にでも止めてしまえば、関係官庁等によるその他の手続きも連動して止まってしまい、事業者はあらゆる面から建設に着手できなくなってしまうことになる。現在審議中で近々国務院が制定する見込みの水汚染防止行動計画や土壌汚染防止行動計画でも同様に書かれることは間違いないだろうから、環境アセスの審査と認可行為はますます強い影響力を持つことになる。力の弱い環境保護部門にとって伝家の宝刀になる。

環境アセスの審査と認可にこれほどまでの力を与えることは、裏返してみれば、ここまでしないとアセスが軽視されるということの証左と見ることもできる。経済発展優先、開発重視、環境軽視になりがちな民主化の進んでいない途上国では、アセス軽視はあり得ることであり、同じ道を歩んできた中国のこのような強硬手段の導入は、他の途上国にとって大いに参考になるだろう。翻って日本の制度があまり参考になりそうにないのは寂しい気がする。

シャオリュウ中国環境ウオッチ ⑱

李克強首相、2015年は「鉄腕対策」

（環境新聞2015年3月25日掲載）

去る3月5日から15日まで、毎年恒例の全国人民代表大会（全人代、日本の国会に相当）が開催された。冒頭に李克強首相が発表した政府活動報告では、特に目立った新しい環境対策はなかったが、第12次5カ年計画最後の年として、単位GDP当たりの二酸化炭素排出量3・1%以上低下、窒素酸化物の排出量5%程度削減など、省エネ・汚染物質排出削減と環境対策の難関攻略にしっかりと取り組むことが宣言された。

この政府活動報告の中で私が注目したのは「鉄腕治理」という言葉だ。「治理」とは対策というような意味だが、鉄腕を振るような強い姿勢で環境対策に取り組むという意味だ。政策や制度の整備が一段落してきて、これらを踏み込んで実施する段階にあると首相が宣言したものと理解している。

この全人代に先立つ2月27日、環境保護部長（環境大臣）の交代人事が発表され、05年12月から約9年間環境保護部長を務めた周生賢氏が定年退官し、後任には清華大学学長である陳吉寧氏が任命された。51歳という若さで、かつ現役の大学学長という純粋の学界出身者を起用する異例の人事は大いに注目された。陳氏は清華大学では環境システムを専攻し、同大学の環境エンジニアリング学部長も務めたこともある生粋の環境専門家である。中国メディアはこぞって新任の環境大臣の活躍に期待した。

就任して10日も経たないうちに、陳大臣は全人代での3時間にも及ぶ記者会見に応ずることになった。さすが環境の専門家だけあってよどみなく質問に答えていたのは立派だ。質問が2月9日に中央政府検査部門が環境保護部に通知した全国環境保護部門への査察結果、即ち環境保護関係組織の腐敗の問題、特に不正な環境アセスの実施等の話に及ぶと、陳大臣は次のように力説した。

「悪徳仲介（役所と癒着）して環境保護を食い物にし、不正な金儲けをしている組織は許さない。環境保護部も今年率先して直轄の8つの環境影響評価機構を部から離脱させる」。

前回の記事（「伝家の宝刀、環境アセス」）で、「中国では建設プロジェクトに係る環境アセスの審査と認可行為は、次第に本来意図するところ以上の影響力を持つようになってきている」と紹介したが、アセスの影響力が強くなればなるほどこれを審査する権限を持つ役所の腐敗や不正も起こりやすくなるという弊害が発生する。環境保護部の直轄組織は最も権力に近いところに置かれているから、率先して自ら戒めることを決定したものだ。

3月5日、全人代で政府活動報告を行う李克強首相（出典：中国中央政府WEBサイト）

この3月7日の大臣記者会見を意識したものかどうかは定かでないが、前日の6日に環境保護部は、同部が実施した全国の環境影響評価機構および従業人員に対する法執行状況抽出調査と住民等からの通報に基づく検査の結果を発表している。その内容は不正行為のあった63社と22名の環境影響評価エンジニアの処分を決定したというもので、処分内容は資格の取消、アセス業務範囲の縮小、業務の一定期間停止などだ。公表された不正組織には吉林省の通化市環境保護研究所など地方政府環境保護部門の直轄組織も含まれている。また、同発表によれば、今後環境保護部門をバックに持つすべての環境影響評価機構を、建設プロジェクトに係る環境影響評価技術サービス市場から撤退させ、悪徳仲介問題を徹底的に解決するとしている。

環境関連法制度を整備し役所に強い権限を与える一方で、腐敗と不正の防止を図るという2つを同時に行う首相の鉄腕対策で、果たしてどこまで改善されるか結果が注目される。そして腐敗とは縁がないところで働いていた新環境大臣の活躍も期待される。

そう言えば、李克強首相の顔をよく見ると、昔懐かしい鉄腕アトムに似ているような気がすると思うのは私だけであろうか。

シャオリュウ

中国環境ウオッチ ⑲

次の協力課題は畜産排水対策

（環境新聞２０１５年４月22日掲載）

日本滞在中の今月11日土曜の真夜中、中国で使っている携帯電話にショートメールが入った。最近何かと頼まれ事が多く煩わしいので、日本帰国時はよく電源を切っており、翌朝ようやくメールに気づいたのだが、どうも急いでいる様子だ。電源を入れて間もなく当人からワン切りで電話がかかってきた。きっと何回もかけてきていたに違いない。本人の名誉のため名前と所属は伏しておくが、某省環境保護局の某副処長（副課長）からであった。面識はない。

私のところでは7年間にわたり、環境省の農村地域分散型生活排水処理モデル事業協力を実施してきた。これまでに中国の9地域（省）の農村で、計11基の生活排水処理モデル施設を建設した。某省はこのうちの一つの省で、某副処長は私たちが某省で建設したモデル施設を見学したことがあるという。現在（研修で）日本滞在中で、今月下旬の金曜から月曜にかけて東京へ行くので会いたいという。週末でこちらの都合はあまりよくないのだが、協力事業関係の依頼なら断るわけにもいかない。誰か人を手配しますと答えたらたいそう感謝された。

しかし、その後に来た依頼内容が大変なものだった。上司を連れて行くのでホテルの手配、空港送迎、東京と富士山の案内をお願いしますという内容で、協力事業に関連するヒアリングや現場視察など勉強する気は毛頭ないことが分かった。恐らく研修期間中の週末に地方から抜け出して息抜きに来るつもりだったのだろう。私は大いに気分を害したが怒りを抑えて「専門家は紹介できるが、その他のサービスは提供できない。私にはガイドは出来ない。このような内容なら旅行社を通せばよい」と、素っ気なく答えるのが精一杯であった。

数年前までだったら私は妥協していたかもしれないが、「八項規定」により中国政府（役人）は変わったと信じたかったから受け入れられなかった。「八項規定」とは12年12月に中国共産党中央政治局が採択した綱紀粛正規定で、これにより公務員の海外出張や派手な飲食、贅沢な公用車利用などを厳に慎むことになった。習近平総書記・国家主席が先頭に立って推し進めている。海外研修の場合は訪問可能な都市は2カ所までとするなど、国家外国専門家局の細かな運用規定もある。このような規定が出された状況下で、中国で世話になったことのある古い友人が訪ねてくるのならともかく、協力事業で多少関係がある部門とはいえ、見ず知らずの役人を接待する気にはとてもなれなかったのだ。

モデル施設の引渡覚書に署名（中国環境保護部にて。ＩＧＥＳ北京事務所撮影）

　前置きが長くなったが、上述の11基の生活排水処理モデル施設のうち、私たちが管理していた最後の3基を環境省からそれぞれの地元政府に譲渡する覚書を先月末に締結し、7年にわたる私のミッションは無事終了した。地元政府に依頼していたとはいえ、外国に設置した施設を管理するというのは目が行き届かないだけに結構気苦労が多い。万が一施設内で人身事故でも起きようものなら、管理者の責任問題に発展する。7年間背負い続けた重い荷物をようやく下ろせた気分だ。

　環境省と中国環境保護部との間では、この協力の後継として新たに畜産排水対策分野での協力を開始することが合意された。畜産系の化学的酸素要求量（ＣＯＤ）の排出総量は工業系の3倍以上、アンモニア性窒素は2倍以上に達しており、中国の水質汚濁問題を解決する上で、畜産排水対策は今最も重要な課題だ。今後両国の協力では、双方の専門家による政策および技術の交流の強化、畜産汚染物質の総量削減に関する共同研究やセミナーを行う予定である。

　日本においても畜産排水対策はまだ多くの課題が残っている難しい分野だ。大気汚染対策協力もそうだが、最近の協力はますます難度が上がってきている。

シャオリュウ
中国環境ウオッチ ⑳

3年ぶりの日中環境大臣会談

（環境新聞２０１５年５月27日掲載）

先月29日から30日にかけて、中国・上海市で第17回日中韓3カ国環境大臣会合が開催された。中国では6回目の開催になるが、北京以外の都市で開催するのは初めてだ。私がこの会合に参加するのは今年で10回目である。日本人関係者の中では一番多く参加していると言えるだろう。29日午後は恒例の日韓、日中、中韓の大臣バイ会談が行われた。一昨年および昨年は中国から周生賢環境保護部長（当時）が参加しなかったから（副部長が代理出席）、日中環境大臣会談は実に3年ぶりになる。この間、顔を会わすこともなかった。

今年は中国での開催であり、また、2月に10年ぶりに環境保護部長（大臣）が交代したこともあって、今回中国側が力を入れていることは見て取れた。随行には原局の正局長3人のほか、副局長級3人も同行した。このような体制は私の知る限り初めてだ。

日中のバイ会談では、双方の挨拶に引き続き、まず望月義夫環境大臣から、大気汚染、海洋ごみ、水俣条約・化学物質管理の3つのテーマについて取り上げ、各分野における環境協力の推進について議論を行った。日本側としても高い関心を持っている中国の大気汚染については、日中の地方自治体・地方政府間で協力を進める都市間連携協力事業について、中国からの支持・期待が示された。日本が有する経験や技術を活かした共同研究やモデル事業の実施などを、民間も含めた様々なレベルで協力をより一層深めていくことで一致した。

私が陪席していて面白いと思ったのは、望月大臣が中国の大気汚染に高い関心を持っていると発言したのに対し、陳吉寧環境保護部長が声高に、私たちはもっと高い関心を持ち、高度に重視していると強調したことだ。当事者として当たり前と言えば当たり前のことだが、私たちは生活と首がかかっているのだと言わんばかりの口ぶりには、思わず吹き出しそうになった。

引き続き、陳部長からも、①日本は工業国として環境対策の経験と技術があるのでそれを学び参考としたい②20年近くの協力の歴史がある日中友好環境保全センターの優位性を活用して協力を拡大し、具体的には企業や民間による産業分野・技術分野での協力を推進していくことを提案したい③グリーンサプライチェーンについて今後日中双方で交流を進め、経験を共有して推進していきたい——との発言があり、望月大臣はこれらに賛意を表明した。

会談後にお土産を交換する日中の環境大臣（筆者撮影）

今回のバイ会談の最大のポイントは、大気汚染対策分野での協力、特に日本側が注力している都市間連携協力事業の推進を大臣レベルで確認することにあった。この事業は昨年度、IGES北京事務所が日本側の実施機関として全力を挙げて取り組んできたものだ。私たちは、大臣同士が会う機会もなく国レベルでの合意がなかなか取り付けられないので、まずは上海、天津、武漢、瀋陽、江蘇省、広東省など主要な都市や省と個別に合意を取り付け、専門家派遣や訪日研修協力をスタートさせた。また、中国側の総合調整機関となる日中友好環境保全センターとも協力覚書を締結して、国レベルでの合意を取り付けるための環境を整えてきた。例えて言えば、出城を落とし外堀を埋め、裸城にしておいたのだ。今回、大臣レベルでの合意でようやく本丸を落とせたと言えるだろう。

しかし、本当に日本の協力の真価を問われるのはこれからだ。関係者は皆分かっているが、現実には課題も多い。この連載で何回も強調してきたが、日本の公害経験を経て形成した環境先進国のインフラは、もはや過去のものになろうとしているし、日本には優れた環境技術があると言われても、ものによってはガラパコス化した日本で最適化した技術になっており、コストも高く途上国では価格面でも勝負に耐えられない。

今年こそ、選りすぐりのカードを揃えて勝負を賭けなければならない。

シャオリュウ
中国環境ウオッチ ㉑

環境保護税制定に一歩前進

（環境新聞２０１５年６月24日掲載）

6月に入って北京では抜けるような青天が続いている。PM2・5濃度が1時間値で10マイクロ㌘を下回ることもあるくらいだ。地元では昨年11月のAPEC開催時に実現した青天「APECブルー」にならって「北京ブルー」と呼んでいるが、長続きしないだろう。

今年1月から新環境保護法が施行されたが、このほかにも中国では着々と新しい環境関連法整備の検討が進んでいる。その一つが環境税だ。これまで旧環境保護法（１９８９年に正式施行）の時代から、汚染物質排出賦課金に当たる「排汚費」徴収制度を設け、試行錯誤を重ねながら汚染物質を排出する企業から賦課金を徴収してきた。かつてはこの賦課金額が低く、対策を講じるより賦課金を払って垂れ流しにした方が安上がりだと言われたこともある。現在では、基準超過の場合は懲罰的に賦課金額が上乗せされるほか罰則もかけられるなど、新環境保護法制定に向けて随分改善されたが、今この制度に代わる環境保護税法案が検討されている。

去る6月10日、国務院（日本の内閣に相当）法制弁公室は、財政部、税務総局および環境保護部が合同で起草した環境保護税法のパブリックコメント版を発表した。パブコメ期間は1カ月で7月9日に締め切られる。法案の主な内容は次の通りだ。

（1）納税対象者は、環境保護法との調整を図り、環境保護法で定める「排汚費」の納付者と同一とした。

（2）税額について、現行「排汚費」の徴収基準と基本的に一致させた。また、省級の地方政府は、管轄する地域の環境受容能力、汚染排出の現状等を勘案して適用する税額を上乗せすることができることとした。さらに、基準超過に対し税額を倍にすると規定した。その他2重徴収を避けるため、環境保護税を徴収した場合には「排汚費」を徴収しないこととした。

（3）対象と課税範囲についても詳細に規定し、対象は大気汚染物質、水汚染物質、廃棄物および騒音の4種に分類し、詳細は税目税額表で規定した。なお、大気や水については排出口から様々な汚染物質が排出されるが、各汚染物質の種類ごとに一定の係数を乗じて換算した汚染物質排出量（「汚染当量」と呼ばれる）の上位3種（重金属は5種）について徴収対象とする。たとえば大気汚染物質では、排出口から排出される二酸化硫黄、窒素酸化物、一酸化炭素などの種類ごとにそれぞれ課税できるとしたものだ。

昨年11月ＡＰＥＣが開催された北京市郊外では青空が広がっていた（6月18日筆者撮影）

なお、省級の地方政府は課税対象汚染物質の種類の数を増やすことができるとした。日本流に言えば横出し基準だ。

（4）大規模な畜産養殖を除く農業生産、自動車、船舶、航空機等の移動型汚染源および都市下水処理場、都市生活ごみ処理場などの公共施設（排出基準を超えない場合に限る）については、環境保護税を免除する優遇措置を設けた。また、納税者が排出する大気汚染物質や水汚染物質の濃度が、排出基準の50％未満で汚染排出総量規制枠を超えない場合には、省級の地方政府は一定期間内で環境保護税徴収額を半減することを決定できるとした。

（5）その他税務機関と環境保護部門が関連情報を共有して税の徴収管理を行うことを規定した。

この法案では地球温暖化を促進させる二酸化炭素などは課税対象の汚染物質に入っておらず、人の健康と生活環境の保全を脅かす汚染物質が主たる対象である。また、騒音汚染については、建築施工騒音と工業（工場）騒音が対象に入っており、建築施工騒音についての税額は建築面積1平方《メートル》当たり3元、工業騒音では基準超過1ベクトルの場合は毎月350元などと税額を定めているのは興味深い。

中国の場合、パブコメによって法案の内容が大きく変わることもあるため最終的にどうなるか分からないが、いよいよ環境税制面でも日本を超えつつある気がする。こうなると日本が優ると言えるのは、法制度にはなじまない信頼性と環境意識（モラル）だけか?。

シャオリュウ中国環境ウオッチ ㉒

暴走し始めた？・環境規制

（環境新聞２０１５年７月22日掲載）

６月中旬、北京市郊外へ農村生活汚水処理の実態調査に出かけた。中国の農村汚水処理問題については、08年以降環境省や国際協力機構（ＪＩＣＡ）のプロジェクトを通じてずっとフォローしているが、この８年の間に処理を巡るニーズは大きく変わってきている。

中国には約56万の行政村、３００万近くの自然村がある。行政村というのは村を運営管理する村民委員会が設置されている村である。村民委員会は一種のコミュニティ組織で、正式な行政機構ではない。村民委員会の長（村長）は住民の直接選挙によって選ばれる。複数の行政村や自然村、小さな町を管轄する郷・鎮と呼ばれる行政機構が最下位の地方政府になる。郷鎮政府は全国に約３万ある。自然村は自然集落と言えば分かりやすいだろう。いくつかの自然村が集まって行政村が形成されることが多い。

14年の最新統計によれば、全国の都市（市街地）の生活汚水処理率は90％を超えるまで高まった。この都市より1ランク下の県（県政府所在地）の処理率も82％を超えた。しかし、農村（行政村）の処理率はわずか10％だ。しかも農村には戸籍人口でみて7・6億人余りが居住している。都市部へ出稼ぎに出た人を除いても全人口の約半分が農村に居住している勘定で、これらの地域で生活汚水処理がほとんど行われていないことは、環境への潜在的な大きな圧力になっている。

私たちが調査した北京市郊外には、市関係者の説明によれば３９４０の行政村が存在し、そのうちの１０４０の村に生活汚水処理施設が整備されているという。割合にして約26％で、前述の全国平均10％と比べると高いと言える。さらに17年までに新たに７００カ所程度整備する予定で、今後北京市では急速に整備が進む計画になっている。

少し前になるが、４月16日に国務院（日本の内閣に相当）は「水汚染防止行動計画」を発表した。この行動計画は過去に例のない新しい考え方の下に策定された計画である。全体が大きく10項目に区分されていることから、通称「水十条」とも呼ばれる。策定の契機としては、13年9月に国務院が大気汚染防止行動計画（「大気十条」）を策定したことに起因する。この「大気十条」が、今の中国で最も権威と強制力のある計画として位置付けられたことから、これにならって水汚染防止の分野でも同様の計画を策定したものである。この行動計画でも農村の環境総合対策を重視し、20年までに新たに13万の行政村で生活汚水処理施設の建設を含む環境総合対策を完了させるとしている。

北京市郊外の2006年に建設された農村汚水処理施設（筆者撮影）

　実はこの農村生活汚水処理施設について、国はまだ排水基準（処理水質の目標値）や処理技術のガイドラインを策定しておらず、先行して整備に着手した地方政府では試行錯誤を繰り返している。初期の施設は、お金のない農村に設置することから、簡易で維持管理費がかからない無動力や微動力の技術を重視した。また、私たちが協力を開始した08年頃は、運転コスト（電気代）が安く、維持管理が容易な技術が重視された。処理水質の目標値も、私は農村の処理施設にそのまま適用するには少しきついと思うのだが、都市下水処理場の3ランクある基準を地域の実情に応じて準用していた。

　一方、国の動きを待てない一部の地方政府では、その地方独自の排水基準を制定し始めた。日本でもかつてそうであったが、こういうことを先行して実施する地方政府は概して厳しい基準を制定する。北京市もそうだ。13年に北京市政府は、農村生活汚水処理施設に適用する独自の排水基準を制定した。新設の施設に適用される基準は、一般的な大規模な都市下水処理場に適用される排水基準よりも、はるかに厳しい基準になった。こうなると、採用できる技術は高度処理可能な技術のみに限られてくる。私は個人的には、農村の小さな処理施設にこのような厳しい基準を適用するのはいかがなものかと思う。

　環境対策を強化するのは結構なことだが、指導者のパフォーマンス優先の闇雲な規制強化だとしたら環境規制の暴走だ。

シャオリュウ

中国環境ウオッチ ㉓

天津化学品倉庫爆発事故の教訓

（環境新聞２０１５年8月26日掲載）

8月12日深夜、天津市の天津港に近い濱海新区の危険化学品倉庫で大規模な火災・爆発事故が発生し、多くの人が亡くなった。この原稿を書いている時点ではまだ全体の真相や被害の程度はよく解明されていないが、大気、水、土壌の汚染のほか、有害化学物質による人体への影響も懸念されている。天津市環境保護局は、直ちに緊急対応部隊を現場周辺に派遣し、移動式大気自動観測車を使用して、事故現場風下の大気のモニタリングを開始した。

当局の発表によると、事故直後には風下でトルエンやＶＯＣ（揮発性有機化合物）について、工場の煙突などに適用される排出基準を超過するような高濃度が観測されたという。また、周辺排水口内の水を検査した結果、基準を上回るシアン化合物等が検出された。爆発した倉庫には大量のシアン化ナトリウムなどが保管されていたようだ。現場には直ちに移動式の汚水処理施設が持ち込まれた。天津市のモニタリングや分析を担当する職員だけでは手が足りなくなった。

16日夜には陳吉寧環境保護部長（環境大臣）も現場入りし、①大気環境モニタリングを強化する②全国から技術者を選抜動員して天津のモニタリング業務を支援し、人員不足問題を解決する③汚水処理作業を急ぎ、雨が降って雨水が混入する前に処理を終わらせる——ことを指示した。土壌汚染への対応は今後の課題だ。

ちょうど10年前の２００５年11月にも、中国国内で似たような事件があった。吉林省吉林市で中国石油吉林石油化学公司所有の石油化学工場が爆発事故を起こし、ベンゼン、ニトロベンゼン等の有害物質が付近を流れる第二松花江に流出したという松花江水汚染事件だ。当時、下流に位置する黒竜江省およびハルピン市の当局は有害物質が河を下って水道水源を汚染することを予見していたが、このことを公表せず、しばらくの間「善意のうそ」をついて情報を隠していた。国家環境保護総局（当時。現環境保護部）も事件発生10日後になってようやく、マスコミに対し有害物質による松花江の水汚染状況について公表したという対応の悪さだ。その結果、責任を取る形で国家環境保護総局長が辞任した。

今回の天津の爆発事故では、天津市環境保護局は積極的に情報を開示し、モニタリング結果も公表しているが、そもそもどのような危険化学品が保管されていたのかはっきりしなければ、モニタリング結果だけを公表されても不安だ。また、市民も当局の言うことを信用しない。重大な有害物質の測定が漏れている恐れもある。

天津市環境保護局が用意した移動式汚水処理装置（出典：天津市環境保護局ホームページ）

実は私たちは、今年度から大気環境保全分野で共同研究等の協力を実施すべく、ちょうど天津市環境保護局と話し合いを重ねていたところであった。爆発事故が起こる1週間前にも現地訪問し、今回の事故で基準超過が観測されたＶＯＣの規制、発生源対策などを中心とする協力内容を詰めていた。しかし、今回の事故により、私たちのカウンターパートは引き続き動員されて忙しくなるから、この協力の話は当面は凍結することになりそうだ。

一方、今回の悲惨な人災事故を見て、私個人としては協力内容を一部見直し、事件処理が一段落した段階で、事故への対応に関する協力を展開するのが時宜を得たものになるのではないかと考え始めた。特に都市計画、土地利用計画を含む法制度の整備、部門間の情報共有、情報の公開、公正な行政処理が大切だ。また、日本には延べ８００物質を短時間に一斉分析でき、汚染事故の原因究明に活用できる迅速測定システムも開発されているから、政策や法制度面だけでなく、技術面でも協力できる空間は広い。前々回の連載で「日本が優ると言えるのは、法制度には馴染まない信頼性と環境意識（モラル）だけか？」と書いたが、このような事故を防ぐ上では信頼性とモラルが最も大切だ。

シャオリュウ

中国環境ウオッチ

日中都市間連携協力セミナー

〈24〉

（環境新聞２０１５年９月30日掲載）

今月15日、北京で日中都市間連携協力セミナーを開催した。都市間連携協力についてはこの連載で何回か紹介している。中国の大気環境を改善するために、既に存在する日中の友好都市等の良好な交流協力関係を基礎に、国が協力のプラットフォームを通じて財政面も含めて支援することにより、日本の自治体が大気汚染対策分野で中国との交流協力を強化するものだ。私の所属するＩＧＥＳが日本側のプラットフォームになっている。

日本の地方自治体と中国の地方政府の1対1の交流は、昨年度から数多く進めてきたが、日中の複数の都市が一堂に会して経験とニーズの交流を行ったのは今回のセミナーが初めてだ。中国からは環境保護部の推薦で重慶、西安、アモイおよび珠海の4都市が参加し、それぞれ大気汚染の現状と協力課題について発表した。いずれもまだ日本側のパートナーが決まっていない都市だ。日本からは北九州市、福岡県、兵庫県、埼玉県および川崎市が参加し、北九州市および福岡県からそれぞれのパートナー都市との協力の進展状況について報告した。北九州市は現在、上海、天津、武漢、唐山および邯鄲の5都市をパートナーとして抱えており、この協力では最も人気のある自治体だ。

13年1月に中国の広範な地域で微小粒子状物質（ＰＭ２・５）を主要汚染物質とする激甚な大気汚染が発生して以降、日本のメディアはこの問題に注目している。13年４月に私たちが北京で開催した日中大気汚染対策セミナーには10台以上のテレビカメラが並び、40名以上の記者が取材に来た。今回は2年半が経過しメディアの興味も多少薄らいできたが、それでも狭い会場にテレビカメラが5台並び、計12社が取材に来た。今なお注目度は高い。

翌16日には4都市から個別に協力のニーズを聞いたが、中国国内のＰＭ２・５対策の進展と相まって、ニーズにも微妙な変化が見られたのが特徴だ。具体的にはＰＭ２・５の生成とも密接な関係のある揮発性有機化合物（ＶＯＣ）やオゾン（日本では光化学オキシダント）対策に関心が集中した。今回はセミナーに参加しなかった天津、上海、江蘇省、広東省などでもこれらの協力ニーズは高い。日本でも自治体が対策に苦労している分野でもある。

2015年9月15日に北京で開催したセミナーの様子（ＩＧＥＳ北京事務所撮影）

このため、北九州市と福岡県は中国と効率的な協力を実施するため、ＶＯＣ対策に関し共同戦線を張り、通称「ＶＯＣキャラバン隊」を組織することとした。専門家派遣による技術指導・セミナーや訪日研修の受け入れに関して相互乗り入れし、連携するものだ。一方、このような日本国内の連携と同時に、中国側都市の間でも連携する必要がある。国内の都市間で学び合うことも多い。セミナーに参加した中国側専門家もこの点を強調していた。

この協力を開始してから1年半が経過し、そろそろ協力の質をグレードアップする時期に来ている。これまでは専門家の派遣や訪日研修といった人の交流が中心であったが、相互理解が進んだ今は、さらに一歩進めて共同研究やモデル事業の実施といった実のある協力も併せて行うことが求められている。しかし、こうなると一自治体では手に負えなくなる。このため、環境省は今年8月に、自治体の協力を技術面から支援する技術プラットフォームを設置した。今後、私たちと連携して支援することになる。

現在、都市間連携協力の枠組みに参加している日本側の都市（自治体）は10、中国側の都市（地方政府）は16に増加した。協力が発展することは歓迎だが、全体を管理する立場からすると、少し多くなり過ぎた気がしなくもない。今後は「友好の域」を脱し、協力の質を高める必要があると同時に、壁に突き当たり乗り越えられない場合や成果が上がりそうもない場合には、潔く撤退することも視野に入れて進めることも必要だ。

シャオリュウ中国環境ウオッチ 〈25〉

脱兎の勢い――中国の気候変動対応

（環境新聞２０１５年10月28日掲載）

来月末からパリで国連気候変動枠組み条約第21回締約国会議（ＣＯＰ21）が開催される。ＣＯＰ21での焦点は、中国、米国、ＥＵ、インドなど主要排出国が提出した温室効果ガス削減目標の達成を織り込んだ新しい合意文書案がまとまるかどうかだ。中国は今年６月末に「２０３０年の単位ＧＤＰ当たりの二酸化炭素排出量を05年比で60～65％削減」するという目標を条約事務局に提出している。

ＣＯＰ21には日本の各メディアも注目している。私のところにも有力新聞社やテレビ局から中国の動向に関しての問い合わせが増えているが、私自身はここ数年、中国の水汚染問題や大気汚染問題に関する調査研究や協力に掛かりきりで、気候変動問題にまでは手が回らない状況だ。従って、各メディアに対しては、協力できるほどの能力がないと内心歯がゆい思いで冷たくお断りするしかないのだが、そんな中、今月12日から中国で気候変動対応を主管する国家発展改革委員会が組織する代表団を受け入れて、日本の低炭素社会構築などの気候変動対応を紹介する研修を実施した。この研修は11年度から実施していて今年で５年目である。

中国では国際的な圧力もあり、低炭素型社会の構築を急いでいる。このため、10年以降２回に分けて計６省、36市で低炭素型省・自治区および都市パイロット事業を開始したほか、11年からは広東省、北京市など２省５市で二酸化炭素排出権取引パイロット事業をスタートさせた。私たちが実施している研修はこれら２つのパイロット事業を側面的にサポートする役割を果たしている。

約５年が経過し、これらのパイロット事業は少しずつ成果を出し始めている。例えば、低炭素型都市パイロット事業に取り組んでいる11の省市では、二酸化炭素排出のピーク目標または総量規制目標を打ち出した。早い所で２０２０年前後、遅い所で２０３０年までにピークに達し、それ以降は減少させるとしている。9月の米中首脳気候変動共同声明の時に明らかにした。また、排出権取引パイロット事業に取り組んでいる7省市では、13年6月から14年6月までの間に正式な取引を開始した。15年9月3日時点で、7省市の累計取引量は約3700万トンとなり、取引金額は約10・9億元（約200億円）に達している。この排出権取引について、習近平国家主席は9月の米中対話時に、17年までに全国で二酸化炭素排出権取引市場を整備したいと述べている。全国整備のための準備業務も着々と進み、昨年末には二酸化炭素排出権取引管理暫定規則を発布したほか、国家二酸化炭素排出権取引登録制度を構築し、運用を開始している。

今月実施した第5回日中協力低炭素発展高級研修

その他の目新しい取り組みとしては、北京市や江蘇省鎮江市などで新規の固定資産投資プロジェクトに対する炭素排出影響評価制度の構築を模索している。評価の結果をプロジェクトの許認可の要件や審査の重要な根拠として、「三高」（高エネルギー消費、高汚染、高排出）を効果的に抑制することを目論んでいる。また、排出権取引パイロット事業を実施している7省市では、企業の二酸化炭素排出量報告制度も既に構築している。その他の都市でも二酸化炭素排出管理プラットフォームの構築などを模索しており、取り組みが進んでいる深圳《せん》市や上海市などでは、建築物の二酸化炭素排出に対する監督管理を強化し、大型公共建築物のエネルギー消費および二酸化炭素排出に対し、常時オンラインモニタリングを実施しているということだ。

低炭素型社会の構築について、5年前の研修開始時には関連施策も実績もほとんどなかった中国の各都市だが、国家の大号令の下、脱兎の勢いの進展で、今やその取り組みの熱心さと実績において日本を越えた部分もある。対する日本はこの5年間、亀のような歩みだ。

私が日本の各都市の代表団を率いて中国に研修に行く日が来るのも遠い先のことではない。

シャオリュウ 中国環境ウオッチ ㉖

超低濃度排出「超低排放」

（環境新聞２０１５年11月25日掲載）

集中暖房の供給開始とともに、また大気汚染の激しい季節がやってきた。北方地域にある瀋陽市では、今月8日一時的にPM2・5濃度が1千マイクログラム／立方メートルを超える高濃度になった。一昨年2月末に日本の環境省が策定した外出の注意喚起の暫定指針値は70マイクログラムだから、瀋陽での汚染のひどさが分かるだろう。外出するには危険な濃度だ。

私は11日に、瀋陽市環境保護局と大気汚染協力について協議するため瀋陽へ行ったが、この日も相変わらず汚染がひどく、視程が極端に悪かった。そのせいかどうかは定かでないが、空港で拾ったタクシーに倍以上の遠回りをされてホテルまで送られた。

大気汚染の主要な原因の一つは石炭火力発電である。中国では1次エネルギーの7割近くを石炭に依存し、その多くが発電に使われている。このため昨年9月、国家発展改革委員会など3部局は合同で、「石炭火力発電の省エネ排出削減の高度化と改造行動計画（２０１４~２０２０年）」を策定、通知した。新設の石炭火力発電ユニットはガスタービン発電ユニット並みの大気汚染物質排出規制値を達成すること、既存のユニットは20年までに改造工事を終了させ、同規制値を達成することを主な目標としている。

具体的なばいじん、二酸化硫黄、窒素酸化物の排出濃度規制値は、それぞれ1立方メートル当たり10、35、50ミリグラムである。東部地域では目標達成、中部地域では目標に接近または達成、西部地域では接近または達成するよう奨励、と地域の発展段階を考慮して多少の差をつけている。日本でもこのガスタービン並みの排出レベルを達成している石炭火力発電所は、神奈川県にある磯子火力発電所などわずかしかない。本当に実現できるのかと疑問に思いつつも、中国政府も思い切ったことをするものだと感心するほかはない。

中国では、石炭火力ユニットを新設・改造してガスタービンユニット並みの低濃度排出を実現することを指して、「超低排放」（チャオディパイファン）と呼んでいる。そのまま訳せば「超低濃度で排出する」という意味の新しく作られた造語だが、来年3月に策定される第13次5カ年計画に登場するに違いない。

一部の発電所で改造工事が完了し試運転を開始すると、国務院は環境保護部に対して改造が正しく行われたか評価せよと指示を出した。これを受け、今年6月環境保護部と国家エネルギー局は合同で、13の石炭火力発電所で改造事業をモニタリング評価するモデル事業を開始した。このモデル事業の実施を通じて、モニタリング手順書や検査技術手順書を確立することを目的としている。

「超低排放」改造工事が完了した済南市の黄台発電所（2015年11月17日、筆者撮影）

　最近、環境保護部からこのモデル事業に協力してほしいとの要請があった。中国では石炭火力の低濃度排出ガスオンラインモニタリングの技術と経験が少ないから、先行している日本から第三者として参考意見が欲しいというものだ。来年上半期中に結論を出さなければならないということで、日本環境技術協会の全面的協力を得て、早速今月から協力を開始した。16日に技術交流会を開き、17、18日に山東省済南市の発電所2カ所を調査した。年末までに山東省では62ユニット、江蘇省では22ユニットの改造が完了する計画であり、評価技術の確立が急がれている。山東省では国の基準の2倍厳しいばいじんの上乗せ基準（1立方メートル当たり5ミリグラム）を設定し、1ユニットの改造に2500万元（約5億円）の奨励金を出し、かつ完成後は優遇価格（約2・5％の値上げ）での売電を認めている。

　本当に改造できるか疑問に思っていたが、これら2つの発電所では脱硝、脱硫、集じん能力を倍強化して対応していた。具体的には脱硫、集じん装置等を直列に2台ずつ設置しての力ずくの対応だ。まずは新たな技術開発を待たず、既存の技術を組み合わせて凌いでいるが、このような大きなニーズがあれば技術開発にも弾みがつく。

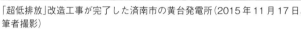

シャオリュウ

中国環境ウオッチ ㉗

大気汚染「爆表」で赤色警報

（環境新聞２０１５年12月16日掲載）

　今月初めに発表された流行語大賞では「爆買い」が今年の大賞を獲得したが、同じ頃、中国では「爆表」が話題になった。この爆表という言葉は中国で13年に初めて登場した大気汚染に関する新語だ。大気汚染（特にＰＭ２・５）が想定を超えた激甚な状態にあることを意味する。この年の中国の大気汚染は日本にも飛来し、日本では「ＰＭ２・５」が流行語大賞のトップテンに入ったことは記憶に新しい。

　中国政府は13年から大気環境基準を強化するとともに、市民にも分かりやすい新しい評価方法として、大気質指数（ＡＱＩ）での表示制度を導入した。ＡＱＩが１００以下であれば基準値以内、汚染の程度が悪くなると指数は増加し、３００を超えると厳重汚染と呼ばれる最悪のレベルで、ＡＱＩの最大値を５００とした。即ち、実測値から換算して計算上５００を超える指数値が算出されても５００と表示することにしたものだ。爆表はこの計算上５００を超えている汚染状況を指す。爆発して表の上限を突き破る、あるいはメーターの針が振り切れる汚染状態と解釈すれば分かりやすい。ＰＭ２・５の場合、75マイクログラム／立方メートルが環境基準値で、５００マイクログラム／立方メートルを超えると爆表だ。

　先月末に北京天津河北省地域を中心に発生した激甚な大気汚染は30日、北京市内でついに爆表した。今年の1月に続いて2回目だ。北京市等では上から2番目に厳しい「橙色（2級）警報」を発令し、セメント製造工場等の操業停止、建設工事等の停止措置などを講じたが、爆表の状態は24時間余り継続し、一部の測定点ではＰＭ２・５濃度が９４５マイクログラム／立方メートルを記録した。しかし、1日深夜に北方からの冷気が流入すると、数時間で6マイクログラム／立方メートルまで劇的に下がった。操業停止は一体何だったのだと首を傾げた経営者もいたであろう。翌日、日本大使館は窓を開けて換気しましょうと呼びかけた。

　だが、青空は3日と持たなかった。冷気が止むと再び急激に悪化し、7日に北京市政府は13年の警報制度創設以降初めて、最も厳しい「赤色（1級）警報」を発令した。橙色警報時の措置に加えて自動車走行量の半減措置等を追加するとともに、学校等の休校など自衛措置を呼びかけた。赤色警報発令時点でまだ爆表レベルに達していなかったが、11月末に爆表したにもかかわらず警報レベルを上げなかったことへの批判もあったので、今回は早めに最高レベルの警報を発令したと言われている。ちなみに警報の発令基準を正確に紹介すると、橙色警報は重度の汚染（AQIが201以上）が3日間、赤色警報はそれ以上の期間継続すると予測される場合に発令される。

「爆表」した12月1日朝の北京市内。普段見えるビルも霞んで見えない（筆者撮影）

首都北京での初めての赤色警報発令は日本でも大きな注目を集めた。8日午後には菅義偉官房長官が定例記者会見で、「注視して対応していきたい。日中都市間連携協力事業などを通じて、引き続き中国政府と連携協力しながら、中国への働きかけも行っていきたい」と述べるなど積極的に言及した。この日中都市間連携協力事業はIGESがプラットフォームとなって実施している協力だから、私たちに振られた格好だ。9日には報道ステーションというテレビ番組から私にインタビュー取材の申し込みがあった。昔だったらすぐに応じたが、最近は忙しさもあって基本的にお断りしているので今回も失礼した。その代わりに私の意見はこの連載で書くことにしている。

北京市を含む全国のPM2・5濃度は、今年1月から10月までは前年に比べて着実に下がってきて、中国政府関係者は対策の効果が出てきていると評価していたが、ここに来て水を差された格好だ。前回紹介した「超低排放」（石炭火力発電所排ガスの超低濃度排出改造工事）など日本人もあっと驚く対策等を講じても、目標達成への道は遠い。地理的気象的なハンディキャップも抱えている。このことを考えると、日本は恵まれていたと実感する。

シャオリュウ
中国環境ウオッチ ㉘

屋上屋を架す?・中国の計画

明けましておめでとうございます。遅まきながら読者の皆様に新年のご挨拶を申し上げます。私ことシャオリュウは北京で17回目の冬を迎えています。偽物が多いと言われる中国で、大気汚染のひどさだけは「本物」です。日々暮らすには本当に酷な環境で胸が痛くなります。

今年もこの大気汚染に関するホットな話題をはじめとした中国の現場の動きを、私の目という多少歪んだフィルターを通してお伝えしたいと思います。引き続きご愛読のほどよろしくお願い申し上げます。

◇　◇

中国では、今年は2月8日が春節（旧正月）なので、今はちょうど師走の慌ただしさの中にいる。環境保護部をはじめとする中国政府の各部門も3月上旬に開催される全国人民代表大会（日本の国会に相当）に向けて、15年の業績取りまとめを急いでいる。特に15年は第12次5カ年計画の最終年なので、同計画目標の達成状況と未達成の場合には責任の所在を明らかにしなければならない。窒素酸化物などの汚染物質排出総量削減目標を定めている環境保護部は、1月4日から削減状況等に関する全国査察を開始し、今は多くの職員を動員して集計作業を行っている。これが片付かないと彼らには正月が来ない。

前回の記事で昨年11月末に起こった北京の「爆表」（大気汚染が想定を超えた激甚な状態にあること）について紹介したが、12月下旬にも再び爆表した。12月は2回ほど北方から寒気が流れ込んで汚れた空気を押し出し、それぞれ数日間だけ空気がきれいになった以外はずっとPM2・5が高濃度の汚染状態が続いた。12月18日には、北京市政府は上旬に引き続き、制度創設以降第2回目の「赤色（1級）警報」（工場、建設工事等の停止、自動車走行量の半減措置など最も厳しい措置を要求）を発令した。警報による規制期間は19日午前7時から22日24時までであったが、汚染は一向に改善されず、赤色警報が解除された

（環境新聞２０１６年１月27日掲載）

25日には遂に再び爆表し、一部の地域では６００マイクログラム／立方メートルに達した。その後も一進一退で、汚染の中で正月三が日を迎えた。

　1月4日に発表された北京市の15年大気汚染状況によれば、11月と12月には合計22日間のＰＭ２・５による重汚染（ＰＭ２・５濃度が１５０マイクログラム／立方メートル以上）が発生し、重汚染期間中のＰＭ２・５平均濃度は２３９マイクログラム／立方メートル（中国の日平均環境基準は75、日本は35）であった。気象的に不利な条件下での集中暖房の開始、自動車排ガスによる汚染、天津、河北省等からの越境汚染などをその原因として挙げている。

灰色に霞む北京上空（2015 年 11 月、筆者撮影）

　このような事件の発生を予見していたかのように、中国政府はさらなる対策の強化等を打ち出した。一つ目は昨年12月11日に発出した『石炭火力発電所の超低濃度排出と省エネルギー改造事業の全面実施計画』である。この計画は、14年9月に発出した『石炭火力発電の省エネ排出削減の高度化と改良行動計画（14～20年）』の実施をさらに加速するもので、石炭火力発電所の超低濃度排出（ガスタービンユニット並みの低濃度排出）達成時期を東部地域では3年前倒し、中部地域では2年前倒しさせることとした。

　2つ目は12月30日に発表した『北京・天津・河北省生態環境保護協同発展計画』である（本文は未公表）。この計画では同地域の生態環境保護に関する目標、任務、実現の道筋、体制やメカニズム等を明らかにし、同地域のＰＭ２・５年平均濃度を17年までに73マイクログラム／立方メートル、20年までに64マイクログラム／立方メートルとする数値目標を初めて示した。しかし、この全体目標を達成するために北京、天津、河北の各地域でそれぞれ達成すべき個別の目標は明らかにしていない。また、各地域ではそれぞれすでに独自の計画と目標を定めていることから、今後さらなる調整が必要になるなど問題も多い。

　次から次へと新たな計画を打ち出すのはいいが、屋上屋を架すことにならないか心配だ。

シャオリュウ
中国環境ウオッチ ㉙

生乾き雑巾を絞り始めた中国

（環境新聞２０１６年２月24日掲載）

まもなく3月上旬から毎年恒例の全国人民代表大会（全人代、日本の国会に相当）が開催される。今年は第13次5カ年計画の策定年であり、この全人代で決定される。過去の5カ年計画を振り返ってみると、06年の第11次5カ年計画から資源・環境分野で具体的な拘束性の数値目標が掲げられるようになった。拘束性の数値目標とは、政府があらゆる政策手段等を用いて達成することを約束する目標である。もう一種類ある数値目標はGDP年平均成長率など予期（予測）性の目標だ。

第11次5カ年計画では資源・環境分野の主な拘束性指標はGDP原単位当たりのエネルギー消費の低下率（5年間で20％低下）、二酸化硫黄および化学的酸素要求量の排出総量削減（5年間で10％削減）の3つであったが、11年の第12次5カ年計画ではこれらに加えて、GDP原単位当たりの二酸化炭素排出低下率（5年間で17％低下）、窒素酸化物およびアンモニア性窒素の排出総量削減（5年間で10％削減）が加わった。第13次5カ年計画では拘束性目標はさらに増えると見込まれる。

この汚染物質排出総量削減（総量規制）を10年も続けてくると、そろそろ壁に突き当たってくる。10年前には対策と削減の余地はいくらでもあったが、主要な対策である火力発電所の脱硫設備、脱硝設備の設置割合がそれぞれ96％、87％に達し、都市の汚水処理率が90％以上になってくると、新たな削減余地はほとんどなくなってくる。対策をグレードアップするしかない。また、中国が得意とした産業構造調整による立ち遅れた生産能力（施設）や小規模施設の淘汰（閉鎖、破壊）も一巡し、これからは汚染物質の排出を劇的に削減することも難しくなった。今後はこれまでの「トン単位の削減」から「キログラム単位の削減の積み重ね」を目指すことになる。

日本の省エネや温暖化対策の強化は「乾いた雑巾を絞る」努力と言われているが、今や中国も、乾いたとは言わぬまでも、「生乾きの雑巾を絞る」難しさに直面している。その典型的な対策取組例が、この連載でも何回か紹介した石炭火力発電所の省エネグレードアップと超低濃度排出改造だ。この改造は例えて言えば、従来の対策で100排出していたものを10まで下げたが、追加の対策によりさらに10を1まで下げるものだ。削減量から見ると、従前の対策では90削減できたが、同じコストをかけて追加の対策をしても9しか削減効果はない。「キログラム単位の削減」と言われるゆえんだ。しかし、石炭火力を使う限りこれ以外に方法はない。全国の石炭火力発電設備の約1割に当たる8400万キロワットについて既に改造が終了し、現在8100万キロワット以上の設備が改造工事中だ。東部地域では来年末までに、ほぼすべての改造が終了する。対策費は膨大だ。

超低濃度排出改造工事中の河南孟電発電所（出典・同社ＨＰ）

それでは、このような対策で環境が良くなるかというと、そう単純ではない。これまでの総量規制は、地域の環境濃度の低減と関係付けた規制方式ではなかった。日本のようにシミュレーション解析を取り入れてなかった。だから特定の地域(点)で削減量を稼いでも、改善を期待する地域で必ずしも面的な効果が現れるわけではなかった。このような反省から、最近の計画では環境濃度の低減目標も併せて示すようになった。第13次5カ年計画での動向が注目される。

総量規制を巡るもう一つの問題は、削減対象が限定されて全部の汚染源をカバーしていないことだ。これは現在の総量規制が①統計②モニタリング③審査（評価）――の3つとも、可能なものしか対象にできないことと関係する。そして、対象外の分野での削減意欲は著しく低下している。努力が評価されないからだ。

第13次5ヵ年計画期間中の環境対策は、対象を広げたきめ細かな排出削減努力の積み重ねと、生乾きの雑巾をどこまで絞れるかが大きな課題になる。

シャオリュウ
中国環境ウオッチ ㉚

第13次5カ年計画の目標

3月5日に開幕した全国人民代表大会（全人代、日本の国会に相当）で、李克強総理は国民経済と社会発展第13次5カ年計画の案を発表し、全人代での審議を経て閉幕日の16日に決定された。前回の記事で、「第13次5カ年計画では拘束性目標（注：政府があらゆる政策手段等を用いて達成することを約束する目標）はさらに増えると見込まれる」と紹介したが、実際かなりハードルが高いと思われる目標も追加された。

新たに追加された環境関連の拘束性目標の一つに、「PM2.5の環境基準未達成の都市の濃度を5年間で18％低下させる」がある。PM2.5に関する目標は今回の5カ年計画が初めてである。また、濃度に関する目標の設定も初めてだ。PM2.5の発生源は自然由来も含めてさまざまであり、また2次生成物質の影響もある。これまでのような排出総量削減による管理手法が難しいのも、濃度目標にした理由の一つであろう。

また、「都市大気の優良日数の割合が80％以上」という目標も追加された。優良日数とは日平均環境基準を達成している日数のことで、15年の実績76・7％から20年には80％以上を目指すものだ。

水質関係では、環境基準のⅢ類以上の水質（注：飲料水源として利用できる水質）を満たす水域の割合を70％以上にする（15年は66％）という目標と、環境基準の最低レベルであるⅤ類の基準を達成できていない水域の割合を5％以下にする（15年は9・7％）という目標が新たに追加された。

これまでと同種の目標についてみると、4つの汚染物質排出総量削減目標のうち、二酸化硫黄と窒素酸化物については、5年間で15％削減という高い目標を設定した。これまでは8～10％程度の削減目標であったが、第12次5カ年計画の期間中に18％以上の削減実績を上げたこと、それにもかかわらず大気汚染の状況はなお深刻であること、20年までに全国の主要な石炭火力発電所でガスタービンユニット並みの超低濃度排出改造を

（環境新聞2016年3月23日掲載）

全人代で第13次5カ年計画案を説明する李克強総理（出典：中国中央政府HP）

実施する計画であることなどを踏まえて設定したものと推定される。排水中の化学的酸素要求量とアンモニア性窒素の2つは、前回並みの10％の削減目標とされた。

省エネや気候変動関係では、ＧＤＰ原単位当たりのエネルギー消費の低下率（省エネ目標）は5年間で15％低下、ＧＤＰ原単位当たりの二酸化炭素排出低下率は同じく5年間で18％低下とした。第11、12次の5カ年計画に比べて省エネ目標が鈍化（20％→16％→15％）してきているのに比べ、二酸化炭素排出量の低下目標は強化（17％→18％）している。産業構造の調整や第2次から第3次産業へのシフトも進み、省エネ目標達成は少しずつ困難が増している。

その他にも、5カ年計画の本文中にいくつかの重要な目標の記載がある。拘束力が若干弱いものと思われるが、都市大気の重汚染日数を25％減少させること、重点地域および重点産業における揮発性有機化合物の全国排出総量を10％以上低下させることなどが注目に値する。その他、エネルギー消費総量を標準炭換算で50億トン以内に抑制するという目標も注目されている。

この全人代の開催直前に、中国共産党機関紙の人民日報を発行している人民日報社から寄稿を依頼された。中国で最も権威のある御用メディアである。12年に中国共産党の党規約の中に入った「生態文明建設」の進展についての感想を求められたものだ。正直言ってこの概念の解釈はよく分からないが、自然の回復を基軸として、グリーン型、循環型、低炭素型の発展を力強く推進していくという意味が含まれているらしい。寄稿では「生態文明建設の具体的成果としては、環境を改善する強力な政策、制度の枠組みが完成した。政策制度の充実は最も重要な成果で、これが効果的に発揮されれば数年後には目に見える効果が現れる」などと適当に感想を述べたが、掲載された内容は、党の意向に添う内容に整理し直されていた。

こういうケースでは、まず掲載されることに意義があり、中味は二の次だ。

シャオリュウ中国環境ウオッチ

日中友好環境保全センターの20年

㉛

（環境新聞2016年5月25日掲載）

私が最初に中国・北京に赴任したのは19年前の1997年だが、その1年前に北京市内に日中友好環境保全センター（中国名は「中日友好環境保護中心」）がオープンした。このセンターは日本の無償資金協力約100億円によりセンターの建物と関連設備を整備した。当時としては最先端の設備を導入したが、時代の進展とともに陳腐化し、設備の多くは中国側の資金により更新されている。

日中友好環境保全センターという名前を聞くと、日本の組織であると誤解する人がたくさんいる。当初私もその一人であった。実態は純粋な中国環境保護部に属する行政組織（日本の独立行政法人に相当）である。私がこのセンターにJICA専門家として派遣されていた頃に、視察に来た日本のお偉い方々から「なぜ玄関に日の丸が掲げられていないのだ」と批判に近い質問を受けたことが度々あったが、その名前から日本の関連組織であると誤解を受けたのであろう。

センターの人たちも似たような悩みを抱えていた。第三国から、日本との協力を専門に実施する機関と誤解され、日本以外の国との協力や事業がやりにくいという悩みだ。そのようなことから、国務院（日本の内閣に相当）に申請して「環境発展センター」という別名を持つことが認められた。現在、建物と正門には大きく2つの名称が書かれている。最近では日本との協力も縮小していることから、日中友好環境保全センターの肩書の名刺を使う人がほとんどいなくなったのは、関係者として寂しい限りである。

さて、このセンターが96年5月に開所してから丸20年が経過した。習近平体制になってから派手な行事は厳に慎むよう自主規制されていたが、先月26日に静岡市内で日中韓3カ国環境大臣会合が開かれ、日中環境大臣の会談を契機に、両国の大臣など政府高官も出席して、センター設立20周年記念行事を開催しようという機運が急速に高まった。現在、6月7日の開催予定で準備が進められている。正式な案内状も関係者に発出された。

10年前の06年7月には、センター設立10周年記念行事が盛大に実施された。当時はまだ派手に行う習慣があり、夜には北京で最も華やかな人民大会堂で、センターと日本の各機関等との協力協定の署名式や招宴も行われた。IGES北京事務所は、この時に締結したIGESとセンターとの協力協定に基づき正式に開所したものだ。今回は見かけの派手さは控えるが、内容を充実させることで計画されている。環境モニタリングと汚染対策技術など5つの分科会も同時に開催される。

2006年7月、日中友好環境保全センター設立10周年記念式典の様子（筆者撮影）

センターの20年を振り返ると、当初の5年は基礎体力がなく日本の技術協力が最も必要とされた時期であった。そして次の5年は日本との協力で得た技術とネットワークで中国全土への展開を試みた時期であった。環境情報センター、広報教育センターなどセンターに属するサブセンター等が全国での指導的地位を確立した。そして、次の10年はアジア、アフリカ等の途上国との環境協力を展開するまでに発展した。環境発展センターという別の名称を必要としたのもこの時期だ。

この間、日本のセンターに対する協力規模は相対的に縮小した。政府が徐々に引き始めたので、10年前にはIGESをはじめとする日本の複数の民間団体がセンターに協力の拠点を築き、これを補うようにした。

6月7日の20周年記念式典には、アフリカからの研修員50名や複数の国際機関の代表も臨席するなど、国際色豊かなものになるよう計画されている。この10年間の発展を象徴するものだ。しかし、実はセンターの未来はバラ色ではない。設立時にあった全国環境モニタリングセンターは早々と離脱し、成長した環境経済政策研究センターやアセアン諸国との協力を専門に実施するアセアンセンター等のサブセンターも格上げされて、独立離脱した。成長した主力が次々と欠け、次の10年後にはどうなっているのだろう。

シャオリュウ
中国環境ウオッチ

日中都市間連携協力再始動

32

（環境新聞２０１６年６月29日掲載）

今月7日、北京で日中友好環境保全センター設立20周年記念式典が盛大に開催された。日本からは丸川珠代環境大臣や濵地雅一外務政務官などの要人も出席し、中国からは陳吉寧環境保護部長（大臣）、黄潤秋副部長（副大臣）をはじめとする環境保護部の幹部や地方政府の幹部も多数出席した。当初の計画では、アフリカからの研修員50名や複数の国際機関の代表も臨席する予定であったが、日本側の参加者が１００名を超える盛況で第三国から招待する余裕がなくなった。

午後に開催された5つの分科会も盛況で、事前登録制であったにもかかわらず座りきれないほどであった。習近平体制になってから派手な記念行事は厳に慎むよう自主規制されていたが、終わってみれば前回の10周年記念行事に勝るとも劣らぬものであった。参加者の中には前回の私の記事「日中友好環境保全センターの20年」を読んでくれた人も多くいて、センターの役割と今回の行事の意義がよく分かったと好評であった。環境新聞の読者は多いと再認識した。

翌8日にはこの20周年記念行事と連携して、中国の大気汚染対策に協力する「日中都市間連携協力セミナー」を開催した。都市間連携協力については既にこの連載で何回か紹介済みである。中国の大気環境を改善するために、既に存在する日中の友好都市等の良好な交流協力関係を基礎に、国が協力のプラットフォームを通じ財政面も含めて支援することにより、大気汚染対策分野での日本の自治体と中国の地方政府との交流協力を強化するものだ。私の所属するＩＧＥＳが日本側のプラットフォームになっている。中国側のプラットフォームは日中友好環境保全センターだ。昨年からは地方政府間の協力に加えて中央政府間、即ち日本の環境省と中国の環境保護部との間の直接協力も本格的に始動した。昨年9月にこのキックオフになるセミナーを北京で開催した時には大いに注目され、狭い会場にテレビカメラが5台並び、計12社が取材に来たが、今回は前日の

2016年6月8日に北京で開催したセミナーの様子（IGES北京事務所撮影）

20周年記念大イベントの後でもあって、取材は3社だけと静かなものであった。日本では開催されたことを知らない人も多いだろう。IGESのホームページをご覧いただきたい。

　この2年の間に協力は少しずつ進展し、日中都市間の交流も活発化した。この枠組みの下で私たちが直接関与したものだけでも、日中都市間の中国現地での交流は40回を超え、現地で開催したセミナーは10回を超え、訪日研修も20回近く実施した。また、中央政府間の交流では、目下喫緊の課題となっている「超低排放（超低濃度排出）」（注：発電所等の石炭火力ユニットを新設・改造してガスタービンユニット並みの超低濃度排出を実現すること）を監視するためのモニタリング分野での協力を実施した（本連載第20回参照）。

　これまでの交流を振り返ると、上述のような専門家派遣による指導、現地セミナー、訪日研修等を通じての人材育成、キャパシティビルディングが中心であったが、そろそろ目に見える成果を求める時期に来ている。そのため、今回のセミナーでは今後の更なる発展の可能性を求めて、共同研究・モデル事業等実施の可能性についても討論した。この日中都市間連携協力で先頭に立って頑張っている北九州市は、既に上海市や天津市との間で、微小粒子状物質中の重金属リアルタイムモニタリングや、揮発性有機化合物モニタリングと発生源対策等に関する共同研究を立ち上げている。また、福岡県は友好都市の江蘇省に対して、省内に多く存在する紡織染色工場の大気環境対策に関するモデル事業等も提案している。セミナーではこれらをグッドプラクティスとして紹介した。

　今年10月には北九州市内で中国の各都市の代表を集めてセミナーを開催することも決まった。3年目の協力は幸先の良いスタートを切ったと言える。

中国環境保護部の組織再編

先月13日、中国環境保護部は組織の一部再編結果について正式に発表した。昨年2月に汚染防止対策司（注：「司」は日本の「局」に相当）および汚染物質排出総量抑制司の2司を廃止して、新たに水環境管理司、大気環境管理司および土壌環境管理司の3司を設置する方針を発表していたが、1年あまりの検討を経て今年3月にようやく編成に着手し、今回の発表となったものだ。

このような組織再編は、中国が直面している新たな課題への取組の決意を見る上で大いに参考になる。06年に国民経済社会発展第11次5カ年計画が策定された際に、初めて拘束性目標（注：政府が責任を持って達成に努める目標）として汚染物質（具体的には二酸化硫黄と化学的酸素要求量。その後、11年の第12次5カ年計画では窒素酸化物とアンモニア性窒素を追加）の排出総量削減目標が決定された。この目標達成に対応するため、国家環境保護総局（当時）は、汚染防止対策司の中に司級の組織として総量削減弁公室を設け、08年の政府機構改革で環境保護部に昇格した際には、独立させて汚染防止対策司と汚染物質排出総量抑制司の2司を設けた。06年からの10年間、汚染物質排出総量削減は省エネルギーの推進と併せ、最も重要なエネルギー・環境対策であった。二酸化硫黄排出総量は約32％、化学的酸素要求量は約25％削減された。また、窒素酸化物およびアンモニア性窒素の排出総量は、この5年間でそれぞれ18.6％、13％削減された。

今回の組織再編は、13年に顕在化した中国全土に及ぶ激甚な大気汚染に端を発すると言えよう。国務院（日本の内閣に相当）は、この激甚大気汚染に対処するため13年9月、大気汚染防止行動計画を策定通知した。計画には法律の規定に基づくもの、5カ年計画に基づくもの、国務院が独自に定めるものなどいろいろあるが、中国環境保護部によれば、この行動計画は国務院だけでなく共産党中央委員会でも承認された重みのある計画と

（環境新聞２０１６年７月27日掲載）

いう説明で、実際その後、各地方の大気汚染防止行動計画や年次別行動計画も定められ、以降5年間（13～17年）、中国大気汚染対策の基本的な方向を示すとともに、実効性のある重要文書となった。

環境汚染対策局長級政策対話の様子（2015年3月中国環境保護部、ＩＧＥＳ北京事務所撮影）

　その後、引き続き国務院は15年4月に水汚染防止行動計画、今年5月に土壌汚染防止行動計画を策定、通知した。今回の組織再編で新たに設置された水環境管理司、大気環境管理司および土壌環境管理司の3司はそれぞれ、水、大気、土壌の汚染防止行動計画を担当することになる。

　このような組織改編は国際協力にも少なからず影響を与える。協力を担当していた窓口や部署がなくなってしまうこともあるからだ。私が関わっていた幾つかの協力では担当部署がなくなり、①今までの担当者（実質責任者）が新しい部署に異動後も引き続き担当する②新しい組織体制の下で再構築する③中間総括を行う――という例があった。①の例は属人的で良好な関係を維持するにはいいのだが、新しい部署の権限との関係で当初の計画通りに進められない恐れがあり、③の例に至っては最悪だ。中間総括と言えば聞こえはよいが、引き継ぎ先もなく実質中断終了することだ。その他、環境省がこれまで10年近く汚染防止対策司、汚染物質排出総量抑制司との間で実施してきた環境汚染対策局長級政策対話も、今後舵取りが難しくなろう。これからはテーマごとに相手を換える必要があり、横断的包括的な話題は取り上げにくくなる。

　一方、土壌など環境媒体別に新たな協力を行う場合にはやりやすくなる。以前土壌汚染対策分野での協力を行ったことがあるが、重金属による汚染に注目した場合には汚染防止対策司、土壌そのものに注目した場合は自然生態保護司に分かれていた。今後は統一される。

シャオリュウ
中国環境ウオッチ
G20サミット杭州で開催
㉞

最近では死語になりつつあるが、古くから「北京秋天」という言葉がある。北京の秋の空は（青空が突き抜けるようで）美しいというような意味だが、近年は強力な大気汚染対策を講じないと、なかなか青空を維持できなくなっている。しかし、今年は特別な追加対策はなかったが、北京では8月下旬から珍しく青空が続いた。北京に最初に赴任してから20年目の秋を迎えたが、久々の北京秋天を体感している。

一方、南の浙江省杭州市およびその周辺地域では、今月4日から2日間にわたって開かれた20カ国・地域首脳会議（G20サミット）期間中の青空を保障するため、恒例になった特別な大気汚染対策が講じられた。巷では「G20サミットブルー」とか杭州市にある有名な湖の名を取って、「西湖ブルー」対策などと名付けられた。特別な対策とはG20サミット前後1～2週間に、開催地および周辺各地で実施された建設工事規制、工場環境規制、交通規制、生産規制等である。会議が開催された杭州市の規制が最も厳しかったが、周辺地域としてサミットの主会場からおおむね半径300㌔以内にある上海市、浙江省、江蘇省、安徽省、江西省も規制対象地域になった。そのほか、遠く離れた山東省等でも万一の場合に備えて規制に協力することとした。

このような期間を限定した強制的な規制手法の導入は、08年の北京オリンピック開催時が最初で、一定の効果が見られたことから、その後、国を挙げての特別な行事がある時に多用されるようになった。最近では14年11月に北京市郊外で開催されたアジア太平洋経済協力（APEC）首脳会議の時の対策（実現した青空は「APECブルー」と呼ばれた）が記憶に新しい。今回のG20やAPECのように主行事が短期間の場合はまだいいのだが、オリンピックやアジア大会、万博等のように、開催期間が長くなると規制期間も長くなり民生に悪影響を及ぼす。特に建設工事や工場の稼働停止は事業者に直接損害を与える。

（環境新聞2016年9月14日掲載）

決して持続可能な規制モデルとは言えない。

ちょうど私はG20開催期間中の5日に、大気汚染対策協力事業のため、江蘇省の蘇州市を訪問していた。ここはサミットの主会場から300キロ圏内にあり、工業団地を中心に特別な対策がとられていた。当初、地元政府の環境保護局がG20対応で忙しいので訪問延期も考えたのだが、一方、上部機関の江蘇省環境保護庁からは早く来てくれという要請もあったため、他の専門家の都合がつくこの日からの訪問になったものだ。江蘇省はG20が開催された浙江省に次いで、紡織染色工業が盛んな地域である。省内には約230の染色工場があり、染色生地生産量の中国国内シェアは約10%を占める（13年）。

蘇州の紡織染色工場に新たに導入された生産設備（9月6日筆者撮影）

江蘇省は国に先行して、紡織染色工業の大気汚染対策強化の方針を打ち出していた。そのため、日本の先進的な省エネ生産技術と排ガス処理技術の導入可能性を検討することになり、私たちは友好都市の福岡県を先頭に協力事業を実施していた。この結果についてはいずれまた別の機会に紹介したいが、この協力では両国の地方政府は斡旋や調整はするものの、協力の基本は中国の工場と日本のメーカーとの間のビジネスベースの民民協力だから難しさもある。
最後に、G20に関連した別の話題についても触れておきたい。開幕前日の3日、オバマ米大統領と習近平中国国家主席がそれぞれパリ協定の締結に係る法的文書を潘基文国連事務総長に寄託し、G20をプレイアップした。パリ協定は昨年の国連気候変動枠組み条約第21回締約国会議（COP21）で採択された新しい合意文書である。この協定は締約国数が55カ国以上になり、かつ締約国の排出量が世界全体の総排出量の55%以上に達した時に発効する。今回米中が批准しても発効要件には達しないが、締約国数は26カ国、世界全体の総排出量の約39%（注：米中両国で37・9%）に達し、発効に向けて大きな一歩となった。

シャオリュウ
中国環境ウオッチ ㉟

北九州で日中大気汚染セミナー開催

（環境新聞２０１６年10月12日掲載）

本日、北九州市で中国大気環境改善のための日中都市間連携協力セミナーが開催されている。日中都市間連携協力についてはこの連載で何回も取り上げているが、環境省が14年度から実施している日中協力事業で、中国の大気環境を改善するために、既に存在する日中の友好都市等の良好な交流協力関係を基礎に、国が協力のプラットフォームを通じて財政面も含めて支援することにより、大気汚染対策分野での日本の自治体と中国の地方政府との交流協力を強化するものだ。私の所属するＩＧＥＳが日本側のプラットフォーム、日中友好環境保全センターが中国側のプラットフォームになっている。現在、この協力の枠組みに日本側は11自治体、中国側は17の地方政府（都市）が参加している。

このセミナーは昨年9月および今年6月に北京で開催したが、日本で開催するのは今回が初めてである。中国環境保護部および日中友好環境保全センター並びに江蘇省、上海市、天津市、大連市など7省市の代表合計40名以上が中国から参加する。日本で開催する環境関係の会合でこれだけ大人数の中国政府関係者が参加するのは最近例がない。日本からは環境省のほか、地元の福岡県および北九州市、その他この協力の枠組みに参加している自治体から東京都、川崎市、四日市市、大分市などが参加する。座席の許す範囲で企業や市民にも開放している。

この協力も3年目になり、一部の都市間ではこれまでの研修等を中心とした人材育成・交流事業から一歩進んで、共同研究やモデル事業実施に向けて具体化の段階に入った。今回のセミナーでは、北九州市から上海市や天津市との間で実施している大気中重金属汚染源解析の共同研究、揮発性有機化合物（ＶＯＣ）防止対策・排出削減技術、ＶＯＣ分析・モニタリング技術に関する共同調査研究などについて紹介される。福岡県からは友好都市の江蘇省との間で実施している紡織染色工場の大気環境対策に関するモデル事業について紹介される。また、清華大学の研究者からは基調講演で中国の大気汚染政策およびその解決案の検討について、中国各都市からはそれぞれの都市の大気環境改善への取組みについて発表されるなど盛りだくさんだ。この結果については近いうちにＩＧＥＳのホームページに掲載するので、ぜひご覧いただきたい。

　ところで、このような協力を実施していて最近目立つのは、中国の中央・地方政府ともＶＯＣ対策に力を入れていることだ。13年初めに中国全土に広がる激甚な大気汚染が発生した時には、その主たる原因物質であるＰＭ２・５に注目され、大気汚染予報・警報制度の確立やＰＭ２・５の汚染源解析に力が注がれたが、最近ではＰＭ２・５生成の主要な原因物質の一つであるＶＯＣの対策に重点がシフトしつつある。この都市間連携協力でも上海、天津、重慶、西安、珠海の5都市との間でＶＯＣに関する様々な共同研究を実施している。また、大連などその他の都市からもＶＯＣ関連の研修実施等を望む声が多い。

　中央政府でも企業におけるＶＯＣ対策を促進させるため、現在、環境保護法の規定に基づいて企業から徴収している汚染物質排出賦課金（「排汚費」と呼ばれる）の徴収対象にＶＯＣを加える動きが出ている。これまでは二酸化硫黄、窒素酸化物、一酸化炭素等のガス状物質、粉じん、ばいじんや水銀等の重金属が徴収対象で、ＶＯＣは含まれていなかった。昨年6月に財政部、国家発展改革委員会および環境保護部は合同でＶＯＣ排汚費徴収パイロット事業規則を制定し、現在、北京市、上海市、江蘇省など10以上の省市で試行的に排汚費が徴収されている。

　日本にもこのような汚染物質排出賦課金徴収制度があると思っている中国人関係者は多いが、日本にはない中国独自の制度だ。現在、日本の国会に相当する全国人民代表大会で環境保護税法案が審議されている。法案が成立した暁には、この排汚費が環境保護税に移行する。

10 月 12 日に北九州で開催されたセミナーの様子（IGES 北京事務所撮影）

シャオリュウ

中国環境ウオッチ ㊱

温氏集団、世界一の畜産企業

（環境新聞２０１６年11月9日掲載）

10月下旬に中国南部の広東省を訪れた。この時期、北京では夜間の気温は零度近くまで下がり、すっかり冬模様だが、約2千㌔《キロメートル》南のここでは日中の気温は30℃を超え、まだ真夏同然だった。広東省を訪問するのは2年ぶりだが、今回は省都広州市に隣接した雲浮市を初めて訪ねた。

「食は広州にあり」と言われるほどこの地方では食文化が盛んで、豚や鶏の消費も旺盛だ。その腹を満たすため、雲浮市には大規模な養豚場や養鶏場がある。今回私たちは、ここに本社を置く温氏集団（グループ）が経営する養豚・養鶏場を訪ねた。通常、養豚・養鶏場では外国人は言うに及ばず、国内の人間でも動物の感染防止のため見学させせないのだが、関係者の特別な計らいで視察が許された。

温氏集団の正式名称は広東温氏食品グループ株式会社。１９８３年に設立され、養豚、養鶏業を主要事業とする中国最大の大規模畜産企業グループである。畜産環境対策専門企業を含む１６０余りのグループ企業を有し、中国全土に事業展開している。今年の年間出荷見込み数は肉用豚１７００万頭、肉用鶏（ブロイラー）7～8億羽であり、世界一の規模を誇る。

私たちが見学した施設の一つは、種豚場と呼ばれる仔豚を生産する施設である。15年に老朽化した施設を全面的にグレードアップ改造し、米国式の先進的で高効率な種豚工場化方式を取り入れ、全自動給餌、自動室内環境コントロール、高温高圧洗浄システム、高度排水処理施設等を有する。コントロールパネルで各畜舎の状況や出産出荷状況、汚水処理状況などを総合的に管理できるシステムになっている。華南地域で最も現代化したモデル養豚場で、空調付の全面ガラス張り完全隔離型見学通路まであるのには驚いた。

改造後は繁殖豚（母豚）約4千頭を飼育し、年間約8万頭の仔豚を出荷している。仔豚は「家庭農場」と呼ばれる周辺の４７０余の協力農家に預けて肥育され、成豚に育った約5カ月後に回収する。正確に言えば、仔豚と飼料を売って成豚を買い取る仕組みだが、農家には安定して肥育手間賃が入る。これは小規模での安定経営が難しい牧畜農家の救済対策にもなる。また、企業にとっては大規模な投資をして肥育場を建設する必要がなくなるから、双方にメリットがある。コンビニのフランチャイズ方式の原型だ。創業時からこの方式を取り入れた初代経営者には才覚がある。

肉用鶏生産用の有精卵を産ませる種鶏場（2016年１０月筆者撮影）

　養豚場からは窒素分を多く含む高濃度の有機排水が出る。都市下水処理場に入る汚水の１００倍近い高濃度だ。従って技術的にも高度な対応が必要で、汚水処理コストも都市下水処理場の2倍から10倍くらい高くなり、小規模経営の農家には大きな負担になる。日本でも対応に苦慮し、通常の基準より緩い暫定排水基準を定めて、一定期間適応を猶予している。一方、養鶏場では発生する汚水は少ないが、糞の始末が課題だ。一般的には発酵させて有機肥料にする。また、両場とも悪臭の問題がある。私たちが視察した施設はいずれも山間部に立地していた。

　温氏集団では、傘下の環境対策専門企業が種豚場の排水処理施設等の設計、建設を行うなど専門的に対応している。種豚場だけでも全国で２１７場有するから、経験の蓄積は豊富だ。また、約2万2千の提携家庭農場の指導や研修等も行っているが、小規模農場ではまだ課題は多い。このような運営経験は国の政策決定にも影響を与えるということだった。

　さて、以下は余談である。母豚は約7回出産すると廃棄処分、加工肉にされる。おおむね半年に1回出産するから、ざっと計算すると4年の寿命だ。たった4年の短い命とつぶやいたら、同行していた専門家は、肉用豚の半年の命に比べれば幸せだと指摘した。さらに、肉用鶏の場合は3カ月、採卵鶏に至っては、雄に産まれてきたら育てられることもなく直ちに処分されるという。畜産の世界には悲しいものがある。

シャオリュウ中国環境ウオッチ ㊲

大気環境基準達成計画

今年1月1日から施行された改正大気汚染防止法の新たな規定の一つに、期限内基準達成計画の作成がある。改正法第14条では大気環境基準を達成していない都市の政府は、定められた期限内に環境基準を達成させる計画を策定し、必要な措置を執らなければならないとしている。期限は国務院（日本の内閣に相当）または省級政府が定めることになっている。

15年には直轄市、大気汚染対策重点地域の都市および省級政府が置かれている都市など合計74都市のうち、63都市で環境基準を達成できなかった。これらの都市では、改正法の要求に従い、早急に基準達成計画を作成しなければならない。作成の技術ガイドライン等がまだ完備されていない状況下で、各都市とも現在試行錯誤で計画づくりに着手しているところだ。

日本人にはなじみの深い大連市もこの63都市に含まれている。海浜都市で空気もきれいで、90年代末には総合的に環境がきれいな都市に対して中国政府が表彰する環境模範都市に最初に選出されたが、13年から適用されるようになった新しい大気環境基準の下では、ＰＭ10、ＰＭ2・5およびオゾン濃度が基準を少し超えていた。

大連市は日本の北九州市と古くから友好都市関係にあり、90年代には大気環境改善モデル計画づくりの技術協力が行われるなど環境分野でも交流が深かった。また、今年7月からは、環境省が主宰して実施している中国大気環境改善のための日中都市間連携協力に、北九州市からの呼びかけで新たに加わり交流が深化することになった。このような状況下で大連市が北九州市に対して最初に提案してきたのは、期限内基準達成計画作成への協力であった。

中国ではちょうど10年前の06年から、全国の都市で汚染物質排出総量削減計画を作成して、二酸化硫黄や窒素酸化物の排出量を計画的に削減してきたが、この計画策定段階では各都市での削減結果がその地域の環境濃度改善に具体的にどのように寄

（環境新聞２０１６年12月7日掲載）

与するか定量的な説明は求めていなかった。私の理解でざっくりと言えば、「汚染がひどかったので、あまり難しいことは考えずにまずは叩いて減らし、その結果を見て考えましょう」というやり方であった。しかし、最近になって中央政府は削減目標と同時に環境濃度の低減目標も示すことを要求し始め、計画作成の技術的ハードルがいきなり高くなった。

大連市内にある華能大連発電所（2016年8月筆者撮影）

基準が達成できたかどうかは中央政府が管理している測定局（国設局）のデータで判断される。各都市には複数の国設局が設置され、中央政府の関係者以外は国設局に立ち入ることはできない。今年10月に西安市内の国設局に西安市環境保護局の職員が密かに合い鍵を作って忍び込み、測定濃度が低くなるように機器を不正操作していた事件が発覚した。この行為に対して地方政府職員のモラルの低下という批判の声もあるが、ここまでしてデータを低く見せようというのは、単にモラルの低下というだけでは片づけられない。重圧の裏返しでもある。

さて、話を元に戻すが、私たちが見せてもらった大連市の基準達成計画の素案でも汚染物質排出削減施策は具体的に書いてあるが、その施策の実施が各地区の環境濃度の改善にどの程度寄与するのか、効果があるのかは不明なままであった。大連市は比較的大気環境がきれいで基準を少しだけ超えている程度だから、数年後にはたまたま当たる（基準を達成できる）可能性もあるが、河北省の石家庄、邯鄲、唐山など汚染のひどい都市では、強力な施策を講じても一体何年経ったら基準を達成できるのか予測もつかない。しかし、その地方政府の幹部にしてみれば、「●年後には達成」という計画を作成しなければ身が保たないから達成可能と書くのだろう。国務院や省級政府がどの程度の期間の達成期限を定めるのかがポイントだ。

計画づくりは立派だが、非現実的な計画にならないことを祈るばかりである。

シャオリュウ

中国環境ウオッチ ㊳

1年ぶりの大気汚染赤色警報

（環境新聞２０１７年１月11日掲載）

昨年暮れ、北京にいた時のことである。「指定した期日までに荷は届きません」という知らせに一瞬戸惑った。頼んだ荷はまだ江蘇省から出荷されていないというのだ。通常なら2、3日で届くのだが1週間はかかるという。しばらく理由を考えて大気汚染のせいだとピンと来た。

先月15日、北京市政府は15年12月以来、1年ぶりに大気汚染の赤色（1級）警報を出した。警報継続期間は16日20時から21日24時までの5日間の予告である。北京周辺の天津、河北省等でも同様な措置が執られた。今回の大気汚染は北部地域だけでなく、山西省、山東省、河南省、陝西省など中部地域にも広範囲に拡がった。汚染がピークに達した19日（写真参照）には各地で空港も閉鎖され、離着陸できなくなった。この日、日本の九州からの出張者が北の大連経由で北京に来る予定だったが、大連からの飛行機が飛んで来なく、急きょ変更して南の上海経由で夜の10時にようやく北京空港に到着した。しかし、その直後に北京空港も実質閉鎖され、着陸を強行したのは2機だけで、ほとんどの飛行機は着陸できずに引き返す羽目になった。出張者が何とか到着できたのは不幸中の幸いであった。

13年初に激甚な大気汚染が頻発して以降、中国中央政府は地方政府に対して大気汚染に係る警報制度を制定するよう指示した。警報の発令は汚染の緩和と市民への注意喚起・自衛措置等が目的だ。大気汚染は広域にわたり発生することから、北京市、天津市および河北省では3省市で統一した警報基準を制定した。最新の警報発令基準は表の通りである。

今回発令された赤色警報は4段階ある警報の中でも最も厳しい警報で、この警報が出されると、①交通規制（自動車交通量の半減措置など）②経済活動の制限〔土木・屋外建築工事の停止、リストで指定された工場の操業停止・減産、一部の輸送車両の通行禁止（以上は強制措置）、休業・フレックスタイム制・在宅勤務等の弾力的出勤（以上は勧告）〕③学校等の休校などの自衛措置——などが執られる。冒頭で触れた荷が届かない理由は、赤色警報期間中の厳しい交通規制のためだったのだろう。最低5日間は足止めされたことになる。

20日も汚染のピークは続いた。この日、私たちは大気汚染対策協力協議のため、地下鉄と高速鉄道（新幹線）を使って天津へ行ったが、車窓からの眺めは白一色で視界ゼロに近い状態であった。視界不良で高速道路の大半は閉鎖されていた。

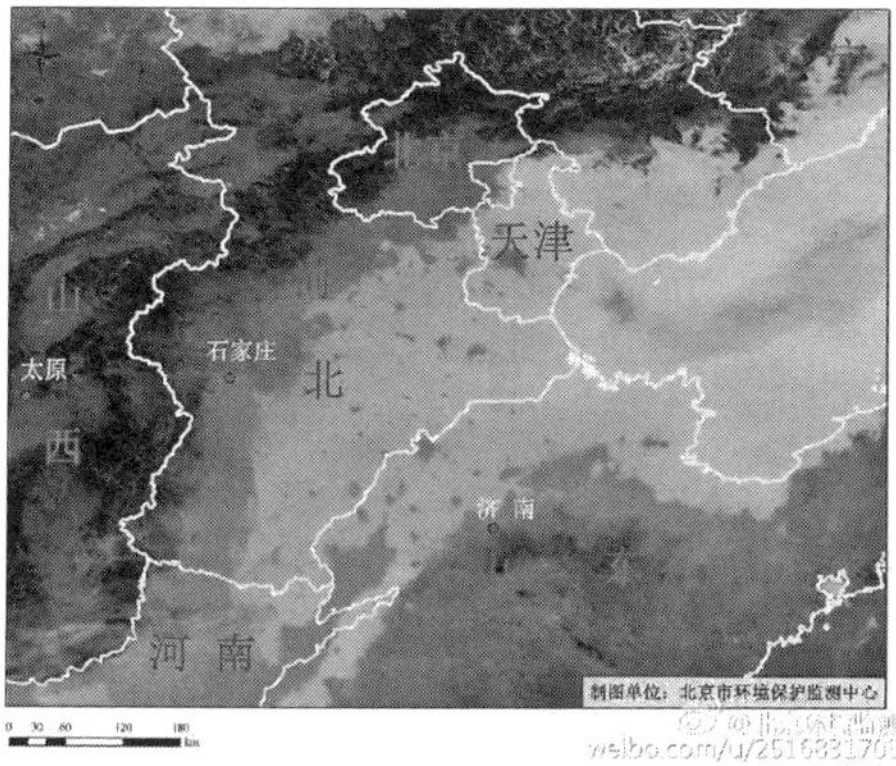

2016年12月19日12時北京周辺地域リモートセンシング映像図（北京市環境保護モニタリングセンター制作）

環境保護部の発表によると、19日は１０８の都市で、20日は90都市で重度以上の汚染になり、その半分以上は北京、天津、河北省およびその周辺地域の都市であった。また、20日のリモートセンシングのデータによれば、日本の5倍以上の面積に相当する１８８万平方キロメートルの範囲にわたりスモッグで覆われ、そのうち92万平方キロメートルは重度のスモッグであった。北京市では１２００社以上の企業に立ち入り検査を実施し、操業停止や減産を行っているかチェックしたという。

警報の種類	発令基準
赤色警報（1級）	AQI（大気質指数）200以上（重度汚染）が4日持続し、かつ(ア)300以上(厳重汚染)が2日持続，または(イ)500以上(いわゆる「爆表」)が1日持続する場合
橙色警報（2級）	AQI200以上が3日持続し，かつ，300以上が1日以上持続する場合
黄色警報（3級）	AQI200以上が2日持続する場合
青色警報（4級）	AQI200以上が出現する場合

（注）AQIが100以下であれば中国の環境基準値以下。

22日になると北方からの冷気が流れ込み、汚染は一時的にではあるが劇的に改善された。1時間値で５００マイクログラム／立方メートル以上（爆表）あったＰＭ２・５濃度が20マイクログラム／立方メートル以下にまで下がった（注：日本の環境基準は1日平均値で35以下）。しかし、その後もまた断続的に悪化し、年末には橙色警報が発令され、元日には再び爆表した。

ここ数年、中国政府は次々と規制を強化しているが、冬場特有の極端な気象条件下では打つ手がない。白い冬はいつまで続くのであろうか。当面は自衛するしかない。

シャオリュウ中国環境ウオッチ ㊴

「爆速」は力なり

（環境新聞2017年2月8日掲載）

ちょっと前の話になるが、昨年12月上旬、江蘇省蘇州市の下にある常熟市（県級市）から、環境保護局の幹部2名と市内にある紡織染色工場のオーナー6名を日本に招聘した。いや、正確に言うと、工場のオーナーのうち一人は押しかけだ。空港に出迎えに行ったら、招待していないのに事前通告もなく、自費で勝手に付いて来ていた。ホテルも自分で予約していたから手際よい。

連載第34回（昨年9月14日号）でも紹介したが、福岡県を先頭に江蘇省との間で、紡織染色工業の環境対策―先進的な省エネ生産技術と排ガス処理技術の導入―について、協力事業を進めようとしていた。常熟市は江蘇省の中でも紡織染色工業が盛んな地域である。常熟市環境保護局も熱心である。そこで、まずはこの常熟市の企業にターゲットを絞って、日本の先進的な技術の導入可能性を探ろうとしたものだ。昨年9月に現地を訪問して日本の技術等を紹介したが、やはり百聞は一見に如かず、実際に日本で導入している工場を見てもらうことにした。この協力の基本は中国の工場と日本のメーカーとの間のビジネスベースの民民協力だから、工場のオーナーを招待するのが一番効果的だ。招待もしないのに押しかけてきた人がいるのは、それだけ関心が高かったからにほかならない。

案の定、工場視察時の質疑も熱心で、ポイントは日本の技術が優れているらしいのは分かったが、中国で製造している製品や基準、価格その他の条件に対応できるかということであった。こういうやり取りの時、中国の人はたとえ出来そうもなくてもまず「大丈夫です」と答えるが、日本人は真面目だから「検討してから回答します」と答える。そうすると相手に、出来ないのではないかという先入観と不安を与える。自国の習慣や文化に慣れ切っているから、まずは「大丈夫」という答えを聞かないと安心しないのだ。

私も随分フォローしたが、結局次はこちらから「大丈夫」という答えと裏づけを持って、常熟市の製造現場を見に行くことになった。相手の熱が冷める前に話を進めるのが肝要だ。その場で訪中メンバーと日程等を全部セットして、半月後の12月下旬に現場へ入ることにした。半月後の訪問というのは国際協力では異例の「爆速」(注)対応である。爆速は時には壁を打ち破る威力を発揮する。12月下旬の交流を経て、価格面で折り合うことが前提であるが、早速3工場が先行的に導入する意向を表明した。残りの工場も3工場での導入効果を見た上で判断する方針とした。

(注)爆速は、爆買いなどの言葉にあやかって筆者が作った造語。超高速の意。

フォローのため、私たちも先月中旬に南京にある江蘇省環境保護庁を訪問して、政府レベルでどのような支援が可能か話し合った。具体的には省政府で補助金が出せないか検討を要請した。来週その結果を聞きに再び訪問する予定だが、このような協力は風向きが変わる前にスピード感を持って対応することが必要だ。「爆速は力なり」だ。

さて、以下は余談である。中国との協力では爆速だけでなく、時には「爆飲」も必要だ。爆飲とはもちろん、乾杯、乾杯と杯を重ねることだが、日本へ招待している時には、いわば人質にとっているようなものだから逃げられることなく、こちらのペースで攻略することが出来る。三日三晩もあれば十分だ。最初は飲めませんと遠慮がちに断っていた人も、こちらが爆飲すれば次第に胸襟を開き打ち解けてくる。そして最後には自国のペースで乾杯攻勢になり、いつの間にか主客転倒だ。ここまで来れば翌日の交渉は半分勝ったも同然である。爆飲爆速は日中協力成功の鍵を握ると言っても過言ではない。

日本の工場で熱心に質疑する常熟市の訪日調査団(筆者撮影)

シャオリュウ
中国環境ウオッチ
頑張れ日本の環境企業
㊵

先月下旬、上海市で大気汚染源の解析技術に関する共同研究発表会を開いた時のことである。この研究には上海市のほか北九州市や日本企業も参加しているが、関心を持った日本の某放送局が取材に来た。中国側関係者がインタビューを断ったので、発表会終了後に打ち合せ風景などを撮影したが、その時私はどのようなストーリーの番組構成を考えているのか率直に聞いてみた。

日本の優れた環境技術を生かして、日本企業が積極的に中国へ進出する姿を描きたいのだという。私は、それでは誰でも考える話で面白くないし、環境技術分野の実態は必ずしも思い描いた姿と同じではない、皆苦労していると説明した。今回はこの場を借りて少し私の見解を述べさせて頂きたいと思う。

技術開発には大きく分けて2種類ある。限りなく上を目指す（性能を上げる）ものと、一定の与えられた条件を満たすように開発する技術だ。ざっくりと言えば生産技術は前者に属し、環境技術特に排ガス処理、排水処理などエンドオブパイプ（末端処理）と言われるものの技術は後者に属する。

次に民民のビジネスを考える場合には価格の問題がある。製品開発には大衆路線と高級路線の2つの選択肢があるが、上述のような環境技術は研究目的のものを除けば、「課せられた条件（規制）に対応できる」という性能1点のみでの価格勝負であり、高級路線では売れない。

さらには、以前の連載第13回（日本の環境技術適用の課題）でも書いたが、日本の環境技術は日本で最適化させた技術であり、国情やニーズが異なれば、適応させる技術も変える必要があるという課題がある。これが結構難しい。それに加えて現在では、一部の環境規制は日本よりも中国の方が厳しくなっている。日本よりも厳しい排ガス基準や排水基準等が適用されるようになっているから、これまでの日本の技術では対応できない場合もある。さらに、規制する項目や計測方法が異なる場合も

（環境新聞２０１７年３月８日掲載）

ある。

末端処理技術のセールスは、一定の与えられた条件の下で戦う典型的な価格競争だ。条件とは即ち、環境規制のかけ方である。従って、勝負するには少なくとも、①中国が要求する規制基準等を満たすことができること②日本とは異なる運転条件下で適応できること③価格面での競争力があること――の３つに対応できる必要がある。

上海市内で開催された共同研究発表会の様子（筆者撮影）

アウェイの日本企業は、中国での導入実績がない場合には、まず①と②を満たすことができることを証明しないと次に進めない。いくら日本の現場での導入実績を見せても、最終的な信頼には至らない。そして実際のところ、①も外からでは動向や実態が分かりにくい。ホームグランドにいる中国企業の方が絶対に有利だ。日本の中小企業には高いハードルである。

このような厳しい状況下で、もし日本の自治体を含む政府が手助けできることがあるとすれば、中国の中央および地方政府が要求する規制基準や評価の基準を正確に把握し、優れていると売り込む日本の技術が中国での異なる条件下でも同じように効果があり、要求される基準を満たすということを日中共同で評価してあげることだ。そして可能ならその成果を広報してあげればいい。一方、価格面での競争は企業の自助努力しかない。補助金や奨励金に頼るようでは持続発展性がない。

中国で勝負できないから、中国への進出をやめて他の途上国へ売り込めばいいという声もあるが、それではだめだ。早晩中国国内での厳しい戦いを勝ち抜いた中国企業も進出してきて競争になる。そして結果は明らかだ。中国戦線で脱落すれば、他の国でも脱落する。質は劣るかもしれないが低価格で厳しい規制をクリアした中国製品が、再び日本製品を凌駕する。

このように考えると、海外での発展を考える環境企業は苦しくとも中国で負けないように踏ん張るしかない。

シャオリュウ 中国環境ウオッチ ㊶

環境規制は第2の「大躍進」？

（環境新聞2017年4月12日掲載）

10年以上前のことである。06年から始まった国民経済と社会発展第11次5カ年計画で、初めて環境分野の拘束性指標（政府が達成に努めなければならない義務的目標）が設定され、化学的酸素要求量（COD）および二酸化硫黄（SO_2）の排出総量をそれぞれ5年間の累計で10％削減することを掲げた。当時は毎年10％以上の経済成長を続ける高度経済成長期にあり、経済成長に比例して汚染物質の排出総量が増加する中で、絶対総量で10％削減することは困難な任務であった。すなわち、5年間で経済規模が6～7割拡大する中での10％削減は実質3分の1以上の削減に相当した。

当時、国家環境保護総局（現環境保護部）の責任者は、私に次のように語ったことがある。「事務的に検討した結果、5％程度の削減が精一杯であったが、国務院（日本の内閣に相当）から倍の10％を指示された」。国務院が示した10％に根拠はない。

結果はどうであったか。数字だけ見るとCOD12％、$SO_2$14％削減と目標を難なく達成したように見えるが、そこに至るまでの過程は大変であった。総量削減は国家環境保護総局が地方政府に削減量（＝排出総量）を割り当てる方式（目標責任制）により行われたが、削減が順調に進まない地域では、環境影響評価書の批准を保留するという強硬手段で新規の建設プロジェクトを止めたり（地域認可制限）、構造調整という旗を掲げて有無を言わさず電力、鉄鋼、セメント工業等の立ち遅れた生産能力の淘汰（古い中小規模施設の強制廃止）を進めた。補償はない。SO_2の排出量を抑えるため地方の指導者が現役の石炭火力発電所の稼働を停止させ、民生に大きな影響を与えた悪しき事案もあった。目標を達成できないと自分が処分されるからだ。

10年の歳月を経て、このような目標を設定して達成できない場合は責任者・責任部署を処分・問責の対象にするという手法はいつの間にか定着した。そして、省エネ・排出削減政策だけでなく、大気、水、土壌の各汚染防止行動計画の制定等を経て、環境政策全般に定着するようになった。また、目標の早期達成のため計画の前倒し実施も行われるようになっている。たとえば、石炭火力発電所の超低濃度排出改造の例を挙げると（連載第26回「超低濃度排出『超低排放』」参照）、14年9月に出した計画では、20年までに改造工事を終了させて規制値を達成するよう通知していたが、翌年12月に再度出した計画では、東部地域では目標達成を3年前倒しすることなどを求めている。

2007年10月26日、河南省の河南孟電発電所では8基の小型発電ユニットを一挙に爆破撤去（同発電所HPから）

環境改善のスピードを上げるため、計画を前倒し実施する積極姿勢は熱烈歓迎だが、施設の改造やモニタリング装置を含む環境対策設備の整備には自ずと一定の時間が必要であり、中国全土で一斉に同じ対策を取り始めると、製品・設備の供給が追い付かなくなる。粗悪なものも出回る。一見環境産業が盛んになるように見えるが、ピークを過ぎると急激に需要が落ち込み、過剰な設備投資が逆に持続的発展の足枷になる。

私が係わりを持っている事業でも、最近次のような事態が発生した。江蘇省蘇州市に属する常熟市（県レベルの市）では先月、ＶＯＣ汚染対策実施計画を策定・通知した。計画内容は広範にわたるが、そのうち、市内に１００社余りある紡織染色工場に対して、年内にＶＯＣ総合対策を完了させろと要求した。江蘇省は環境産業が盛んな地域だが、短期間で１００社余りの生産設備の改造や排ガス処理施設の設置を行うことは至難の業だ。また、行政側は排出基準や対策技術のガイドライン等を出しているわけではないから、対策結果の評価方法も明確でない。それにもかかわらずＶＯＣ削減ノルマの達成のため、行政は多少無理を承知で強力に進め、前倒しの目標達成を目指す。

環境規制の強化と着実な推進は歓迎だが、早期目標達成のための拙速な対策で後からやり直しを必要とするようであれば、50年代末の大躍進政策と同じ道をたどることになる。

シャオリュウ中国環境ウオッチ ㊷

農村汚水処理が直面する課題

少し前になるが、今年2月に全国農村環境総合整備第13次5カ年計画（農村環境13・5計画）が発表された。国が出す5カ年計画にもいろいろなレベルがあるが、この計画は16年3月に全国人民代表大会（日本の国会に相当）で承認された国民経済と社会発展第13次5カ年計画（注：最上位の5カ年計画）を受けて、環境保護部と財政部が合同で制定したものだ。農村にある飲用水源地の保護、生活ごみ・汚水処理および畜産廃棄物の資源化利用と汚染防止を主な内容としている。

水質汚染問題に限って見ると、中国政府の対策の重点は工業系、都市生活系から農業系、農村生活系へとシフトしてきている。15年の全国環境統計公報では水質汚濁の代表的な指標である化学的酸素要求量排出量のうち、工業系、都市生活系、農業系の割合はそれぞれ13%、38%および48%、アンモニア性窒素ではそれぞれ9%、58%および32%になっている。農村生活系は統計に含まれていない。

10年頃を境に都市人口が農村人口を上回るようになったが、なお約43%が農村に居住している（農村戸籍人口では約55%）。15年末の都市生活汚水の処理率は91・9%、県政府のある鎮（町）の処理率は85・2%にも達しているが、農村（村民委員会が設置されている行政村）ではわずか11・4%の村に何らかの汚水処理施設が設置されているに過ぎない。

15年4月に国務院（日本の内閣に相当）が制定通知した水汚染防止行動計画では、20年までに都市、県政府所在鎮の汚水処理率をそれぞれ95%、85%程度まで高めるほか、新たに13万の行政村で汚水処理施設整備を含む環境総合対策を完了させることとした。これにより全国の約3分の1の行政村で生活汚水対策が講じられることになる。上述の農村環境13・5計画では新たに整備する各行政村の平均汚水処理率の目標を60%以上とした。

私自身も約10年前から中国の小さな鎮（町）や農村地域での

（環境新聞２０１７年5月17日掲載）

汚水処理事業に協力し、環境省のモデル事業で、実際に全国9地域で11基の汚水処理施設を建設したが、毎回多くの困難に直面した。それから10年近く経過したとはいえ、建設を巡る環境が必ずしも大きく改善されたとは言えない。

　幾つか課題はあるが、そのうち最も大きな課題は、農村汚水処理整備に係る技術サポートの不足だ。改正環境保護法では農村の環境整備は県級および郷級人民政府が推進することとされたが、これらの地方政府管轄地域には農村汚水処理施設および管渠網の設計、建設および維持管理を行う能力を備えた技術者や企業、施工会社が不足している。また、専門知識を持った地方政府職員も不足している。このため、早急に全国規模で技術サポートができる体制を整備することが必要だ。私たちもこれで最も苦労した。

環境省モデル事業で浙江省嘉興市の農村に建設した汚水処理施設（17年３月、筆者撮影）

　もう一つの大きな課題は、農村汚水処理施設に係る排水基準の早期設定だ。現在までのところ、国による農村汚水処理施設に係る排水基準は設定されていない。一方、北京市など一部の地方では地方排水基準の設定を開始したが（連載第22回「暴走し始めた？環境規制」参照）、なお多くの地方では参考とする排水基準がなく、農村汚水処理施設の整備に当たって混乱の原因となっている。上述の環境省モデル事業でも、まず排水処理目標の設定作業から着手した。

　排水処理目標をどのように設定するかは汚水処理施設で採用する技術に大きな影響を与え、目標値が厳しく、かつ多岐の項目にわたる場合には採用可能な技術が限定され、ランニングコストも高くなる。また、農村汚水処理施設を建設する地方政府の立場からみると、将来厳しい排水基準が適用されることに備えて過剰な設備投資になるか、あるいは設備を改造しなければならないリスクが常に存在する。

　国は早急に農村汚水処理施設に係る排水基準を設定し、地方の現場での混乱を未然に防止して、合理的な対策の指針を与えるべきである。

シャオリュウ中国環境ウォッチ ㊸

真価問われる生態文明建設

先月27日、中国環境保護部内に衝撃が走った。突然、陳吉寧環境保護部長（環境大臣）異動のニュースが飛び込んできたのだ。異動先は北京市副市長。市長席が空席であったため、市長代理に任命された。実質、市長である。2年数カ月前、清華大学学長から抜擢されて環境保護部長に就任した人事も異例であったが、短期間で北京市副市長への異動もまた異例であった。

陳部長の在任期間は短かったが、多くの業績を残した。就任後にまず手を付けたのは環境影響評価（アセス）実施体制の改革である。06年以降、地域認可制限制度（※）の導入等によりアセスの許認可権限が巨大化した。しかし、アセスが力を持つほどに中央や地方政府環境保護部門の不正や腐敗も増加した。当時、政府の環境保護部門直属の事業部門もアセス書作成業務を行うことができた。許認可を行う行政部門と密接な関係にあることから、裁量や忖度（悪徳仲介）が行われやすかった。陳部長はこのような悪徳仲介を生む環境を刷新するため、アセス書作成業務を行う政府部門の民営化を断行した。

※汚染物質の削減措置が順調に進まず、目標未達成の地域（流域）に対してアセスの審査手続きを一時的にストップすることにより、汚染物質の排出を伴う新規の工場建設等を一切認めない措置。

また、行政に科学者の視点を取り入れ、それまでの汚染物質総量削減重視の政策から、同時に環境質の改善も重視する政策に転換し、16年開始の第13次5カ年計画で採用した。その他水および土壌汚染防止行動計画策定の陣頭指揮を執り、環境保護部の組織改革も行った。

後任の環境保護部長には、昨年秋に環境保護部副部長（副大臣）から河北省副書記に異動したばかりの李幹傑が内定した。先月末に環境保護部書記に任命された。李幹傑は環境保護部生え抜きの国際派で、42歳の若さで副大臣に就任し、昨年までの10年間副大臣を務めた。日中協力にも理解があるから、日本に

（環境新聞2017年6月14日掲載）

とってもありがたい人事だ。

　話は変わるが、今月1日（現地時間）米国のトランプ大統領がパリ協定を脱退する方針を表明した。日本を含む主要先進国は再考を促したが、翻意はないだろう。手続き上最短で20年11月に脱退可能になるということだ。この米国のパリ協定脱退は中国にどのような影響をもたらすだろうか。

17年5月14日、「一帯一路」国際協力ハイレベルフォーラムの開幕式で演説する習近平国家主席（出典・新華ネット）

　ちょうど脱退表明前日の5月31日に、私は中国共産党機関紙人民日報からの中国の気候変動対応に関するインタビューに答えていたところであった。私が回答した要旨は次の通りだ。

　「気候変動対応に関する米国の主導性が引いていく中で、引き続き世界を牽引しようとする中国の姿勢を高く評価する。中国は『生態文明の建設』を掲げて環境保護の地位をさらに一歩高め、環境保護の推進を経済発展の原動力にする方針を出したことが、今日の結果につながっている。今後は自ら率先して温室効果ガスの排出強度（注：単位GDP当たりの温室効果ガス排出量）を低下させるだけでなく、さらに一歩対策を強めてピークアウト時期を前倒しにし、温室効果ガスの排出総量削減の時期に早く入ることを期待する」。

　人民日報からのインタビューだからまず先に褒め言葉から入るのが礼儀だ。

　実は「世界を牽引しようとする中国の姿勢」と述べたのには理由がある。直前の5月中旬に中国は130カ国余りの国家、70余りの国際組織の代表を北京に集めて「一帯一路」国際協力ハイレベルフォーラムを主催し、自らが世界を主導しようと目論んでいたのだ。このような状況下では気候変動対応に関しても後退は許されない。

　先進国の代表たる米国が座を降りた状況で、中国はこれまで通り途上国の代表の立場だけでとどまるわけにはいかなくなった。偽りなく世界を牽引する役割を担わなければならない立場に押し上げられた。今まさに生態文明建設を党規約に掲げた真価が問われようとしている。

日中の立ち位置が変わる日—あとがきに代えて

私が環境協力のために初めて中国の地を訪れたのはちょうど20年前の1997年6月であった。最後に、あとがきに代えてこの20年余りの中国環境行政の変遷などを回顧してみたい。

中国環境行政の立ち位置の変遷

私が最初に訪れた1990年代は「先に汚染、後から対策」と言われた経済発展優先、環境対策は後回しの時代であった。国民一人当たりのGDPが1000ドルに達することを目指して、平均で10%を超える経済成長が既に10年以上も続いていた。環境政策・対策の基盤整備はまだ不十分で、行政組織の整備、人員の能力向上、モニタリング施設など環境インフラの整備が喫緊の課題であった。当時の指導者（共産党幹部）の危機意識は薄く、10年もあれば環境は改善できるという認識であったように記憶している。

2000年代前半に入ってようやく環境危機意識が目覚め、環境対策が本格化し始めた。20年間で4倍の経済成長（GDP増）を目標に掲げたが、環境容量の制約が発展の制約になるという認識も生まれた。循環経済の促進を本格的に研究し始めたのもこの頃である。しかし、まだ環境保護部局のみが取り組みの中心で、総合的な取り組みに欠けていた。国家環境保護第10次5カ年計画で二酸化硫黄（SO_2）、化学的酸素要求量（COD）等の排出総量削減目標（10%削減）を掲げるも達成にはほど遠く、SO_2排出総量は28％近く増加した。この5カ年計画は国家環境保護総局（現環境保護部）が制定したもので、必ずしも政府一体のものとして共有されていなかった。

２０００年代後半（第11次5カ年計画期間）に入ると、国務院（内閣）レベルで環境に対する危機感が共有されるようになった。当時の温家宝国務院総理が経済発展と環境保護を同等に重視することを明確にし、「省エネ・汚染物質排出削減（節能減排）」が初めて国家レベルの最重要目標になった。そして、汚染物質排出削減等に関し、国家環境保護総局は国務院を代表して目標責任書に署名し、地方政府を指導する権限を持つようになった。この「省エネ・汚染物質排出削減」政策は成功し、次以降の５カ年計画にもさらに内容を充実して引き継がれた。

中国共産党総書記の座が胡錦濤から習近平に譲られた２０１２年11月の中国共産党第18回全国代表大会では「生態文明の建設（注）」が党規約に入れられ、環境保護の地位をさらに一歩高め、環境保護の推進を経済発展の原動力にすることが謳われた。いわば中国版ニューディール政策の導入である。そして第13次5カ年計画（２０１６～20年）では汚染物質の排出削減と同時に、5年間でＰＭ2・5の平均濃度を18％以上低下させるなど環境質の改善も目標に掲げた。

（注）自然を尊重し，自然に順応し，自然を保護するというような意味。

最近の主要な環境政策の動き

次に最近の主要な環境政策の動きについて回顧してみたい。

最も特徴的なのは３つの汚染防止行動計画の制定である。２０１３年初から全国で発生した激甚大気汚染を契機に、同年９月「大気汚染防止行動計画」（大気十条）を制定した。引き続き

2015年4月には「水汚染防止行動計画」(水十条)、2016年5月には「土壌汚染防止行動計画」(土十条)を制定した。これらの汚染防止行動計画は国務院だけでなく党中央でも承認された計画であり、日本でいえば閣議決定された計画に相当する。いずれも十条35項目から構成されている。各行動計画で示された目標は第13次5カ年計画にも反映された。これに合わせて2016年6月、環境保護部は組織改正を行い、各行動計画を所管する大気環境管理司、水環境管理司および土壌環境管理司の3司(日本の「局」に相当)を設置した(代わりに従来あった汚染防止司および総量司を廃止)。

法改正では2015年1月から施行された環境保護法の改正がまず挙げられる。25年ぶりの大改正で、10年以上前から改正の必要性が叫ばれ準備作業を行ってきていた。この改正でそれまで明確な法的根拠規定を持たずに実施してきた通達ベースの措置の根拠を明確にした。また、環境公益訴訟も可能にした。これに基づき2016年7月に全国初の大気汚染公益訴訟事案1審判決が出され、企業に対して約2200万元の賠償を命じた。賠償金は破壊した生態環境の回復等に使用される。

2016年1月には改正大気汚染防止法が施行された。こちらも15年ぶりの改正で、新環境保護法と関連規定について整合をとったほか、環境基準未達成の地域に対して期限を定めて環境基準を達成する計画策定を義務づけた。VOCに関する規制と罰則も追加された。

その他2016年12月には環境保護税法が成立した。2018年1月から施行される。これまで環境保護法の規定に基づき徴収していた汚染排出費(排汚費)に代えて税金として徴収される。

日中環境協力の変遷

次にこの20数年間の日中環境協力の変遷について回顧してみたい。

１９９０年代から２０００年代前半にかけては政府開発援助（ＯＤＡ）を中心に協力が展開された。国際協力機構（ＪＩＣＡ）や国際協力銀行（ＪＢＩＣ）を核として、関係省庁等の支援の下で無償資金協力、技術協力、有償資金協力（円借款）等の方式で援助型の協力が展開された。両国の総理級の合意の下で実施された例としては、日中友好環境保全センター協力（無償資金協力による建物等の建設、能力向上等の技術協力）や環境モデル都市構想推進（大連、重慶、貴陽３都市の大気環境改善等の円借款と技術協力）が挙げられる。しかし、２０００年代後半になると、第１次安倍政権の下で対中関係が改善し交流が活発化するも、中国の急速な発展もあってＯＤＡの縮小（対中新規円借款の廃止、技術協力等の縮小）により、ＪＩＣＡおよびＪＢＩＣの果たす役割が相対的に低下することとなった。

一方、この頃から戦略的互恵関係の下で、環境省においてＪＩＣＡの技術協力に匹敵する規模での環境協力を展開するようになった。ＯＤＡによる協力が計画から開始まで時間がかかるのに対して、こちらの協力は多少小粒でもニーズに即応したスピード感のある協力が特徴であった。主要例は次のとおりである（分類およびネーミングは筆者）。

【戦略的日中水環境協力】（２００６～現在）（対環境保護部）
・中国の水環境管理を強化するための日中共同研究
・農村地域等における分散型排水処理モデル事業協力
・水中の窒素およびりんの総量削減に関する日中共同研究
・農村地域等におけるアンモニア性窒素等総量削減モデル事業協力

・畜産汚染物質排出総量削減事業協力

【大気環境改善】（２０１３～現在）（対環境保護部、地方政府環境保護部門）

・中国大気環境改善のための都市間連携協力事業

【気候変動対応】（２００６～現在）（対国家発展改革委員会）

・日中ＣＤＭ協力プログラム

・日中低炭素発展研修など

以上のような協力に私は何らかの形で長く関わってきたが、中国側が重視するこれまでの協力チャンネルとルートは今後とも大事にすべきであると思っている。

最近の日中の立ち位置の変化

この20年間を振り返ると、いつの間にか日中の立ち位置が変わってきていることに気づく。まず中国の環境関連法制度およびインフラ等の整備についてはほぼ完備し、一部の規制は日本より強化されている。ただし、法の執行能力、遵守に課題が残っており、地方政府が正しく法を執行しない、企業の監督管理が不十分などの問題がある。また、監督されなければ法を遵守しない企業が多い。このため、中央政府は地方査察を強化し、環境モニタリング局の管理の直営化、企業のオンラインモニタリングの強化などを実施しているところだ。強制的政策（一時操業停止、閉鎖、取り壊し、使用禁止措置など）では日本をすでに上回っている。20年以上の協力を経て、政策制度面での日本の優位性はほとんどなくなっている。優位性があると思っている人もいるが、それは中国の現状を知らないからだ。

次に環境対策技術および環境産業の発展についてみると、規制の強化と大きな市場が技術開発と環境産業の発展を刺激し、同時に国内競争と大きな市場が低価格化を実現している。質はまあまあだがとりあえず規制をクリアでき、相対的に安価なサービスが提供され、日本の技術や製品が中国で競争力を持てなくなっている。以前は質は良いが値段が高く、法規制で強制されていないから売れなく、現在は相変わらず値段が高く、中国の法規制に合うようにカスタマイズされていないから中国ユーザー側の不安が残る。

今や世界情勢は「日本の公害経験」から「中国の公害経験」の時代に移ろうとしている。今後アジアやアフリカの途上国は、現在の中国が直面しているのと同じような環境問題を経験し、その際に、中国政府が導入している政策や比較的安価な環境技術は魅力的で参考になる。一方、日本の社会や環境は理想的ではあるが、途上国の現実からは最も遠い。また、日本の政府・地方自治体や企業には、公害対策を経験した人材が枯渇化しつつあり、日本の公害経験を書物でしか語れなくなっている。

今後アジアなどの途上国での競争において、中国は日本の最大のライバルであり、かつ人材および技術の面において日本よりも優位に立つ可能性も高い。そのように考えると、日中協力の場はアジアなどにおける競争の前哨戦の場、人材および技術の両面において負けない戦いを学ぶ場でもあると言えるのではないだろうか。

（このあとがきの内容は、一般財団法人地球・人間環境フォーラム発行の情報誌『グローバルネット』２０１７年6月号に寄稿した筆者の記事をもとに加筆しました。）

環境新聞ブックレットシリーズについて

環境新聞社では、サステナブル社会の実現に向けて、地球環境時代の確かな情報源として幅広いジャンルから、専門紙の特性を生かしたタイムリーな情報を提供しています。とりわけ関心の高いホットな話題については、いまそこで何が起こっているのか、また、どこへ向かおうとしているのか、読者の疑問や要求に応える形で、その分野の専門知識に長けた記者や有識者が解析し、時代を読み解く価値ある情報として発信しています。そうした取り組みの中から、読者の反響の大きかった連載企画については、掲載記事を1冊にまとめ、手軽に読めるブックレットとして刊行することにしました。

2017年9月　環境新聞社編集部

著者◎小柳秀明（こやなぎ・ひであき）
1954年、東京生まれ。77年、東京大学工学部都市工学科卒業後、同年、環境庁（当時）入庁。97年、JICA専門家として日中友好環境保全センター（中国北京市）に派遣される。2000年、中国政府から国家友誼奨を授与される。01年、環境省帰任。03年、JICA専門家として再び中国に派遣される。06年、地球環境戦略研究機関（IGES）北京事務所長（現職）。10年、中国環境投資連盟等から2009年環境国際協力貢献人物大賞を受賞。主な著書等に「環境問題のデパート中国」（蒼蒼社）ほか多数。

環境新聞ブックレットシリーズ⑬ **シャオリュウの中国環境ウオッチ**

2017年9月20日　第1版第1刷発行

著　　者　小柳　秀明
発 行 者　波田　幸夫
発 行 所　株式会社環境新聞社
〒160-0004　東京都新宿区四谷3-1-3　第一富澤ビル
TEL.03-3359-5371㈹
FAX.03-3351-1939
http://www.kankyo-news.co.jp
印刷・製本　株式会社平河工業社
デ ザ イ ン　環境新聞社制作デザイン室

ISBN978-4-86018-336-3 C3036　定価はカバーに表示しています。